Sitzungsberichte
der Akademie der Wissenschaften
der DDR
Mathematik – Naturwissenschaften – Technik

4 N

1986

K. Bernhardt / P. Hupfer / E. A. Lauter

Säkulare Änderungen in der atmosphärischen Umwelt des Menschen

AKADEMIE-VERLAG BERLIN

Sitzungsberichte
der Akademie der Wissenschaften
der DDR
Mathematik — Naturwissenschaften — Technik

Jahrgang 1986 · Nr. 4N

K. Bernhardt/P. Hupfer/E. A. Lauter

Säkulare Änderungen in der atmosphärischen Umwelt des Menschen

AKADEMIE-VERLAG BERLIN
1986

1985 überarbeitete und ergänzte Fassung eines Vortrages vor der Klasse Umweltschutz und Umweltgestaltung der Akademie der Wissenschaften der DDR von Prof. Dr. habil. Karl-Heinz Bernhardt, Prof. Dr. sc. Peter Hupfer, Humboldt-Universität zu Berlin, Sektion Physik und Ernst August Lauter †, Ordentliches Mitglied der Akademie der Wissenschaften der DDR

Herausgegeben im Auftrage
des Präsidenten der Akademie
der Wissenschaften der DDR
von Vizepräsident Prof. Dr. Heinz Stiller

ISBN 3-05-500012-9
ISSN 0138-3965
Erschienen im Akademie-Verlag Berlin, DDR-1086 Berlin, Leipziger Str. 3–4

Lizenznummer: 202 · 100/210/86
Printed in the German Democratic Republic
Gesamtherstellung: VEB Druckhaus Köthen
LSV 1465
Bestellnummer: 763 627 6 (2010/86/4/N)
00600

1. Klimaentwicklung in geologischen Zeiträumen

1.1. Geophysikalische Umwelt und Klima

Entstehung und Entwicklung des organischen Lebens auf dem Planeten Erde bis hin zur Anthroposoziogenese und zur Geschichte der menschlichen Gesellschaft vollzogen sich unter einem Komplex teils sich mehr oder minder einschneidend verändernder, teils im wesentlichen konstanter physikalischer Umweltbedingungen, die die im weitesten Sinne geophysikalische Umwelt der Biosphäre charakterisieren (s. Tab. 1, vgl. auch LAUTERBACH 1985).

Tabelle 1 Geophysikalische, darunter meteorologische (rechte Spalte) Umweltfaktoren

Erdrotation	Luftdruck	
Schwerefeld	Lufttemperatur	thermisch-hygrischer Wirkungskomplex
Erdmagnetismus	Luftfeuchte	
Erdströme	Wind	
Geothermische Erscheinungen	Solare Strahlung	photoaktinischer Wirkungskomplex
	Natürliche Beleuchtung	
	Terrestrische Strahlung	
Seismische Erscheinungen	Luftzusammensetzung	luftchemischer Wirkungskomplex
Radioaktivität		
Bodenphysikalische Eigenschaften	Luftelektrizität	
	Atomsphärische Radiofrequenzstrahlung	
Hydrophysikalische Eigenschaften	Atmosphärische Radioaktivität	
	Infraschall	

Gemessen an dem weiten Schwankungsbereich solcher physikalischer Parameter, wie Temperatur, Dichte, Gravitations- und Magnetfeldstärke, Wellen- und korpuskulare Strahlungsflußdichte im Weltall sind Entwicklung und Existenz der uns bekannten Lebensformen nur innerhalb sehr enger Grenzen möglich. Bereits an der Oberfläche der gern als „erdähnlich" bezeichneten Nachbarplaneten Venus und Mars herrschen Umweltbedingungen, die organisches Leben praktisch ausschließen (s. Tab. 2), was die Richtigkeit der Engelsschen Vorstellungen darüber nachdrücklich unterstreicht, „wieviel Millionen Sonnen und Erden auch entstehn und vergehn mögen; wie lange es auch dauern mag, bis in einem Sonnensystem nur auf Einem Planeten die Bedingungen des organischen Lebens sich herstellen ..." (MEW 20, S. 327).

Tabelle 2 Charakteristische Parameter der Erde und der ihr benachbarten Planeten. Daten aus unterschiedlichen Quellen zusammengestellt

			Venus	Erde	Mars
Mittlere Entfernung von der Sonne		10^6 km	108	150	228
Bahnexzentrizität			0,007	0,017	0,093
Neigung der Äquatorebene		°	2	23,5	25
Rotationsdauer		s	$21 \cdot 10^6$	$88{,}4 \cdot 10^3$	$88{,}6 \cdot 10^3$
Radius		km	6049	6371	3390
Schwerebeschleunigung an der Planetenoberfläche		$m \cdot s^{-2}$	8,88	9,81	3,73
Solare Strahlungsflußdichte		$W \cdot m^{-2}$	2623	1360	589
Atmosphärische Masse		$kg \cdot m^{-2}$	10^6	10^4	160
Atmosphärische Bestandteile % (V)		CO_2	96	0,03	95
		N_2	<4	78	3
		O_2	<0,002	21	0,1
		H_2O	0,02	1	0,03
Atmosphärendruck an der Planetenoberfläche		hPa	$90 \cdot 10^3$	10^3	6
Mittlere Oberflächentemperatur		K	740	288	210
Albedo			0,72	0,3	0,16
Effektive Strahlungstemperatur		K	239	255	216
Adiabatisches Temperaturgefälle		$K\ (100\ m)^{-1}$	1,05	0,98	0,44

Unter den obengenannten physikalischen Umweltparametern zeichnen sich die meteorologischen, d.h. die mit der Existenz der Atmosphäre verknüpften Wirkungsfaktoren durch eine besonders große Veränderlichkeit in Raum und Zeit aus, was sich ebenso in der Verschiedenheit der irdischen Klimate wie in der sprichwörtlichen („wetterwendisch") Wechselhaftigkeit des Wetters und seinen häufig beträchtlichen Unterschieden auf kleine Entfernungen äußert. Dies wiegt umso schwerer, als zahlreiche atmosphärische Wirkfaktoren – man denke nur an Sauerstoff-, Strahlungs- oder Niederschlagsdargebot, aber auch an den gesamten thermischen Wirkungskomplex oder das Dilutionspotential! – unmittelbar, ständig und nachhaltig in den Energie- und Stoffhaushalt des einzelnen Organismus wie der verschiedensten natürlichen und künstlichen Ökosysteme eingreifen.

Dabei sind neben dem Auftreten einzelner, katastrophal wirkender Wetterereignisse vor allem länger anhaltende, komplexe meteorologische Erscheinungen als Umweltfaktoren von Bedeutung, und auch die Auswirkungen, die das Eintreten bestimmter Parameterwerte oder Parameterkombinationen zeitigt, hängen weniger von den genannten Werten an sich, als von ihrer Stellung in der statistischen Gesamtheit der über einen längeren Zeitraum vorkommenden Parameterwerte und ihrer Kombinationen ab, an deren mittlere bzw. häufigste Größen die Organismen und Ökosysteme in der Regel adaptiert sind.

Somit führt eine Analyse des Einflusses der atmosphärischen Umwelt zwangsläufig auf den Begriff des Klimas als der statistischen Gesamtheit atmosphärischer Zustände und Prozesse in ihrer raum-zeitlichen Verteilung. Nicht zufällig spielt daher in der Geschichte der Klimadefinitionen (z. B. SCHNEIDER-CARIUS 1961) deren Bezug auf die Biosphäre eine bedeutende Rolle; so umfaßt nach A. v. Humboldt „das Wort Klima in seiner allgemeinsten Bedeutung alle Veränderungen in der Atmosphäre, von denen unsere Organe merklich affiziert werden" (HUMBOLDT 1832, S. 404, vgl. auch HUMBOLDT 1844, S. 76, 1945, S. 340), und KÖPPEN 1931 (S. 2) meinte, es sei wenig üblich, von „Klima" dort zu sprechen, wo nicht Menschen ansässig seien oder sein könnten. Die letztgenannte Anschauung widerspricht freilich unserer Auffassung vom Klima als einem primär physikalischen Phänomen, in deren Rahmen der Begriff vom Klima der Meere oder der freien Atmosphäre ebenso legitim ist wie seine Ausdehnung auf die hohe Atmosphäre, das Übergangsgebiet zum interplanetaren Raum oder die Atmosphäre anderer Planeten.

(In Parenthese sei auf die landläufige Verwendung des Klimabegriffes zur Kennzeichnung geistiger Verhältnisse, zwischenmenschlicher Beziehungen verwiesen. GOETHE hat beides miteinander verwoben, wenn er etwa unter dem 28. März 1781 an CHARLOTTE VON STEIN schreibt: „Es ist mir ganz leidlich meine Beste. Wenn wir in einem bessern Clima wohnten; so wäre viel anders, ich bin der dezidirteste Barometer der existiert. Wie aber die Schweere der Lufft und ihre Wärme nicht mit einander gehn, so macht mir deine Liebe auch ein besonder Clima", besonders aber mit seiner Bemerkung aus den Noten und Abhandlungen zum west-östlichen Divan: „Physisch-klimatische Einwirkung auf Bildung menschlicher Gestalt und körperlicher Eigenschaften leugnet niemand, aber man denkt nicht immer daran, daß Regierungsform eben auch einen moralisch-klimatischen Zustand hervorbringe, worin die Charaktere auf verschiedene Weise sich ausbilden.")

1.2. Erd-, Klima- und Menschheitsgeschichte

Ungeachtet aller drastischen Klimaänderungen in der geologischen Vergangenheit und unbeschadet der Entwicklung der irdischen Lufthülle in enger Wechselwirkung mit Bio-, Hydro-, Litho- und Pedosphäre von der massearmen reduzierenden Uratmosphäre zur rezenten Atmosphäre mit fast 21 % Volumenanteil freien Sauerstoffes (z. B. JUNGE 1981) bestehen doch seit mehr als $3{,}5 \cdot 10^9$ Jahren geeignete Bedingungen für die Entfaltung und Höherentwicklung organischen Lebens. Diese bemerkenswerte Andauer dem Leben günstiger Umweltbedingungen ist sicher der Stabilität der Energieabgabe der Sonne und der Bahnparameter des Planetensystems, der Schutzwirkung der Atmosphäre (bzw. vor Bildung der Ozonschicht auch der oberen Schichten der Hydrosphäre) vor der hochenergetischen solaren Wellen- und Partikelstrahlung, aber auch dem Thermostateneffekt der Ozeane wie ihrem Aufnahmevermögen für CO_2 zu danken.

Wenn Änderungen der klimatischen Verhältnisse im folgenden an Hand der Mittelwerte einzelner meteorologischer Elemente — im wesentlichen der Temperatur — diskutiert werden, sei ausdrücklich betont, daß das Klima als statistische Gesamtheit in umfassender Weise natürlich nicht durch Mittelwerte, sondern durch ein- und mehrparametrige Häufigkeitsverteilungen meteorologischer Elemente charakterisiert wird; von besonderer praktischer Bedeutung sind ferner das Auftreten extremer Werte und Wettererscheinungen sowie die zeitliche Struktur des Wetterablaufs, darunter Tages- und Jahresgänge und besonders das Andauerverhalten meteorologischer Phänomene, wie Zirkulationstypen, Niederschlags- und Trockenperioden usw. Solche Bearbeitungen sind natürlich viel aufwendiger und scheitern für weiter zurückliegende Zeiträume häufig auch an Unzulänglichkeiten des Datenmaterials, sollten aber in Zukunft viel stärker gepflegt werden.

In der vorliegenden Arbeit beschränken sich die Autoren bewußt auf eine Bestandsaufnahme relevanter Klimaschwankungen im atlantisch-europäischen Raum unter besonderer Verwendung von Daten aus der Epoche instrumenteller Beobachtungen (Abschnitt 2); Fragen nach den physikalischen Ursachen der Klimaschwankungen und ihrer Modellierung werden unter Hinweis auf weiterführende Literatur nur gestreift.

Die Schwankungen der meteorologischen Elemente umfassen einen Zeitbereich von Sekundenbruchteilen (hochfrequentes Ende des Turbulenzspektrums) bis hin zu 10^7 – 10^8 Jahren, wobei in grober Näherung das Periodenintervall von Stunden bis Tagen dem Wetter, von Wochen bis Monaten der Witterung, von Jahren an aufwärts dem Klima zugerechnet werden kann.

Den Versuch einer Abschätzung des Varianzspektrums der Temperatur im europäisch-atlantischen Raum für den Periodenbereich von 1 bis 10^4 Jahren zeigt Abbildung 1 nach KUTZBACH und BRYSON 1974.

Klimaschwankungen in unterschiedlichen Zeitbereichen sind verschiedenartige (geo- bzw. astro-)physikalische Ursachen zuzuschreiben, wie Abbildung 2 nach KUTZBACH 1974 veranschaulicht.

Der multimaßstäbliche Charakter der Klimaschwankungen hat zur Folge, daß selbst die Standortbestimmung unseres gegenwärtigen Klimaregimes in Abhängigkeit vom Bezugszeitraum durchaus unterschiedlich ausfällt: So leben wir innerhalb der etwa $70 \cdot 10^6$ Jahre des Känozoikums in einem Eiszeitalter mit vereisten Polargebieten und weltweit vergletscherten Hochgebirgen, innerhalb des seit etwa $2 \cdot 10^6$ Jahren andauernden Pleistozäns in einer Warmzeit (Interglazial), im Rahmen dieses schon etwa 10^4 Jahre währenden Interglazials in einem in mittleren Breiten feuchtkühlen Stadium, innerhalb der letzten 10^2 Jahre dagegen in einer Phase markanter Erwärmung, über deren letzte Entwicklung bzw. bereits eingetretene Trendwende die Meinungen noch auseinandergehen.

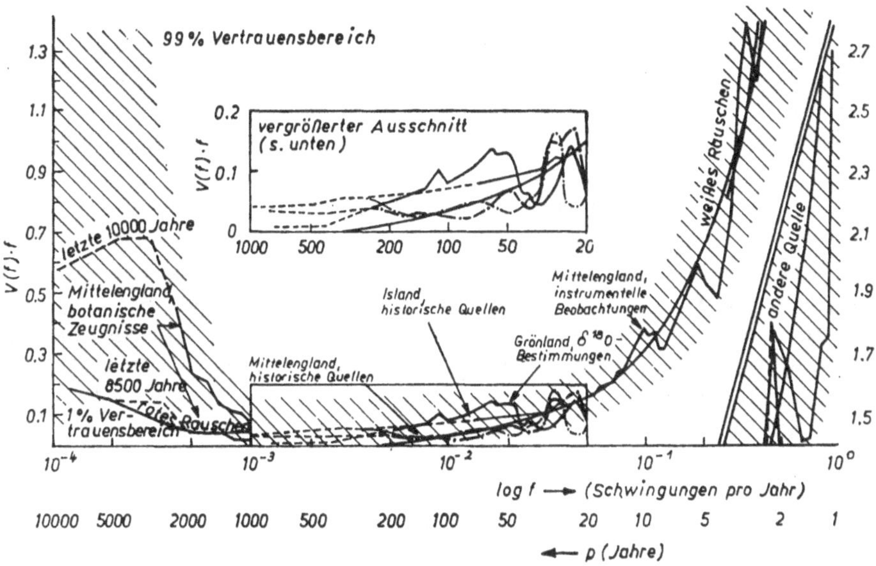

Abb. 1 Zusammengesetztes Varianzspektrum der Temperatur im Zeitbereich von 1 bis 10^4 Jahren nach Kutzbach und Bryson 1974

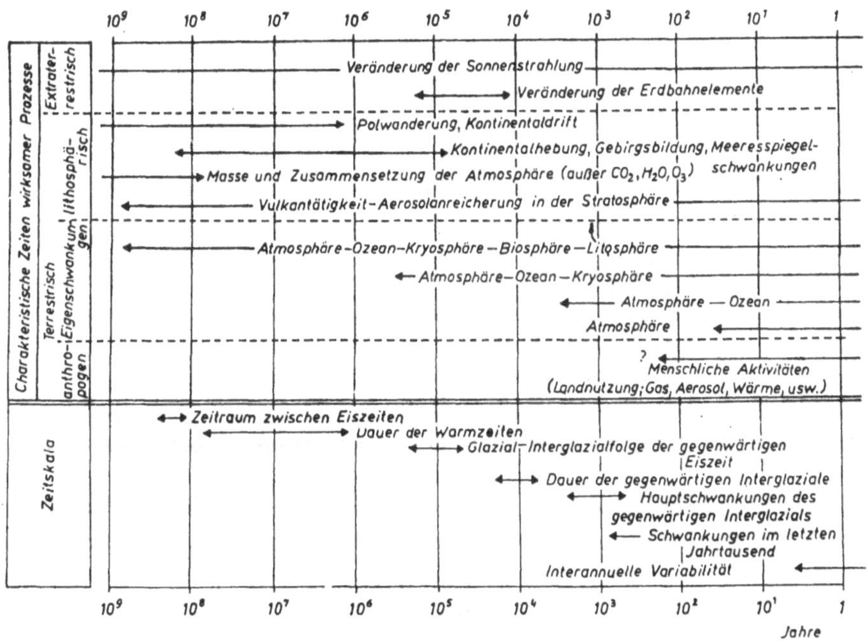

Abb. 2 Charakteristische Zeitmaßstäbe beobachteter Klimaschwankungen und Beispiele für mögliche Einflußfaktoren im betreffenden Zeitbereich nach Kutzbach 1974

Für das pleistozäne Eiszeitalter sind die bereits im Pliozän einsetzenden weltweiten Temperaturschwankungen der Größenordnung 10 K mit einer Periodendauer von etwa 10^5 Jahren charakteristisch; die Paläotemperaturanalyse auf der Grundlage von $^{18}O/^{16}O$-Bestimmungen in Eisbohrkernen oder Meeresbodenablagerungen legt die Annahme von bis zu je 20 Glazialen und Interglazialen nahe, deren detaillierte Gliederung und Chronologie selbst im Falle des Würm(Weichsel-, Waldai-, Wisconsin-)-Glazials mit seinen Interstadialen im einzelnen noch durchaus umstritten ist.

Als Ursache für dieses Schwankungsverhalten des Klimaregimes auf einer teilweise eisbedeckten Erde sind neben Eigenschwingungen im System Atmosphäre — Ozean — Kryosphäre im Sinne von FLOHN 1969 oder SERGIN 1978 auch wieder Schwankungen der extraterrestrischen Bestrahlungsstärke im Gefolge von Änderungen der Erdbahnelemente in Diskussion, nachdem Spektralanalysen der pleistozänen $^{18}O/^{16}O$-Temperatur- und Eisvolumenkurven deutliche Maxima im Periodenbereich um 10^5, $42 \cdot 10^3$ sowie um $23 \cdot 10^3$ bzw. $19 \cdot 10^3$ Jahre erkennen lassen haben, was annähernd den Quasiperioden in der Änderung von Exzentrizität und Schiefe der Ekliptik bzw. der Präzession entspricht (z. B. POLLARD 1978, 1982, VULIS und MONIN 1979). Abbildung 3 zeigt den Verlauf der extraterrestrischen Bestrahlungsanomalien für die kalorischen Jahreszeiten im Sinne von MILANKOVIČ nach neueren Rechnungen von VULIS und MONIN für den Zeitraum von $200 \cdot 10^3$ Jahren vor heute (v. h.) bis $50 \cdot 10^3$ Jahre im voraus. (Nach KUKLA 1975 besteht allerdings die größte Sensitivität des globalen Temperaturregimes gegenüber Schwankungen der Bestrahlungsstärke über dem Inneren Nordamerikas und Eurasiens während der Herbstmonate.) Die beiden letzten markanten negativen Bestrahlungsanomalien im Sommerhalbjahr der Nordhemisphäre um $70 \cdot 10^3$ und um $25 \cdot 10^3$ v.h. korrelieren nicht schlecht mit dem Einsatz des Würm-Glazials bzw. mit seiner kalten und trockenen, hochglazialen Spätphase, wie sie aus der Zeitreihe der temperaturabhängigen ^{18}O-Abreicherung in einem Eisbohrkern von Camp Century/Grönland nach DANSGAARD et al. 1971 (Abb. 4) ableitbar sind; andererseits könnte den schwach positiven Bestrahlungsanomalien der Nordsommerhalbkugel zwischen $60 \cdot 10^3$ und $40 \cdot 10^3$ v.h. das relativ gemäßigte mittlere Würm-Glazial mit seinen Interstadialkomplexen zwischen etwa $55 \cdot 10^3$ und $35 \cdot 10^3$ Jahren v. h. zugeordnet werden. (Andere Autoren — wie z. B. KUKLA 1981 — datieren den Beginn des Würm-Glazials wesentlich weiter, auf etwa $115 \cdot 10^3$ v.h. zurück.)

Auffällig bleibt aber — neben weltweit nachweisbaren, kurzzeitigen katastrophenhaften Klimaverschlechterungen (FLOHN 1974, 1976, 1979), so nach Abbildung 4 im Eem-Interglazial (der Sangamon-Warmzeit in Nordamerika) um $90 \cdot 10^3$ Jahren v. h. — der insgesamt unsymmetrische Verlauf der Temperatur- bzw. Vereisungskurve in der Aufeinanderfolge von Glazialen und Interglazialen. Der kippschwingungsähnliche Ablauf des pleistozänen Klimageschehens mit allmählichem Temperaturabfall über mehrere 10^4 Jahre zur vollglazialen Phase und deren vergleichsweise rascher Beendigung binnen weniger 10^3 Jahre kommt noch deutlicher in den stärker generalisierten Kurvenverläufen der ^{18}O-Konzentration in Tiefseebohrkernen nach EMILIANI (s. Abb. 5, wiedergegeben nach HAXEL 1976) zum Ausdruck.

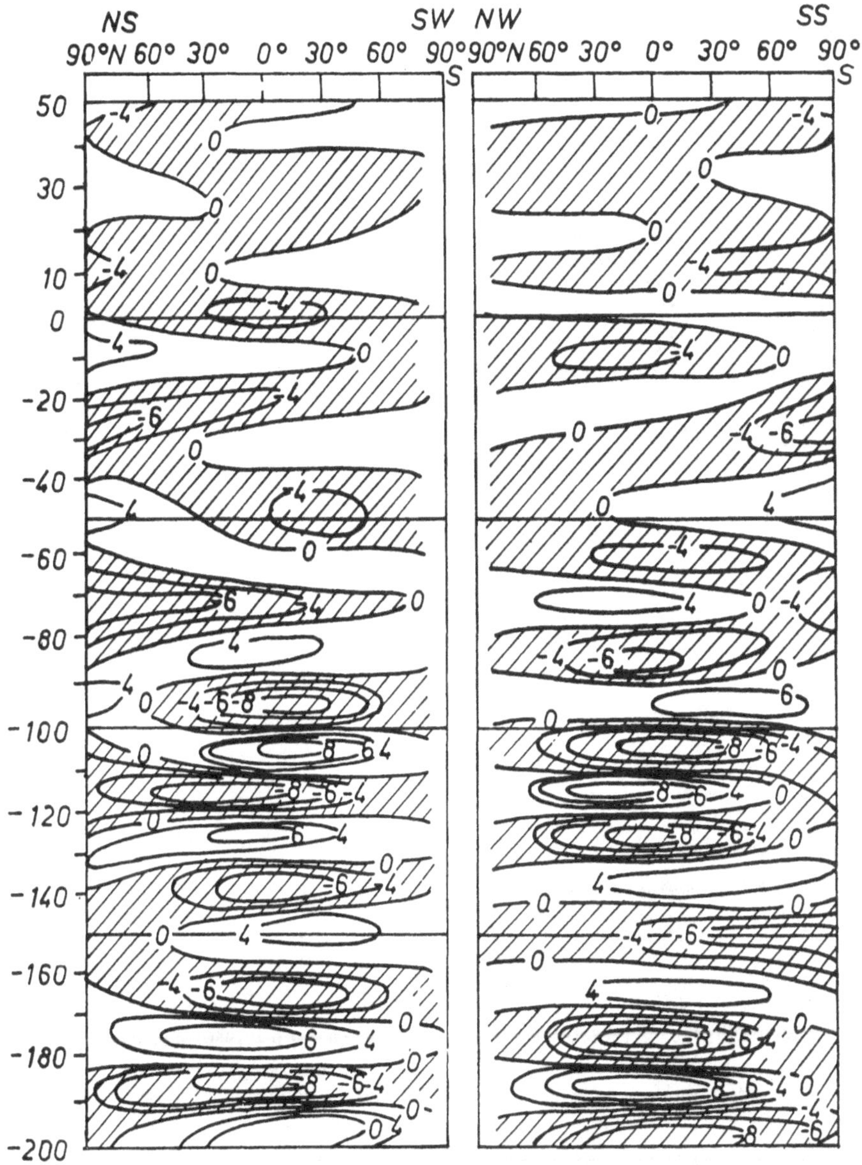

Abb. 3 Verlauf der durch die Schwankungen der Erdbahnelemente bedingten solaren Bestrahlungsanomalien (%) im Zeitraum von 200 · 10^3 Jahren vor heute bis 50 · 10^3 Jahre im voraus für die kalorischen Halbjahre Nordsommer/Südwinter (links) bzw. Nordwinter/Südsommer (rechts) nach VULLS und MONIN 1979

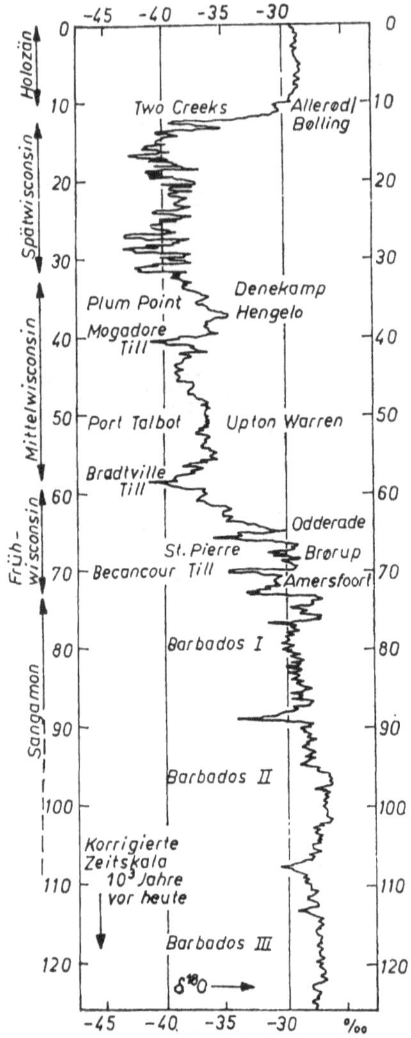

Abb. 4 Profil der ^{18}O-Abreicherung durch die Eiskappe von Grönland bei Camp Century nach Dansgaard et al. 1971 in der Darstellung von Oeschger 1980. Abnahme der ^{18}O-Abreicherung δ, auf der Abszisse nach rechts aufgetragen, entspricht höherer Temperatur bei der Bildung des atmosphärischen Wasserdampfes durch Verdunstung von der Meeresoberfläche

---

Abb. 5 Profil der ^{18}O-Abreicherung in Tiefseebohrkernen nach Emiliani in der Darstellung von Haxel 1976. Nach rechts zunehmend aufgetragene Abreicherung entspricht – im Gegensatz zu den Verhältnissen bei Verdunstung und Niederschlagsbildung nach Abb. 4 – höherer Meerestemperatur bei der Karbonatbildung und/oder vermindertem globalem Eisvolumen

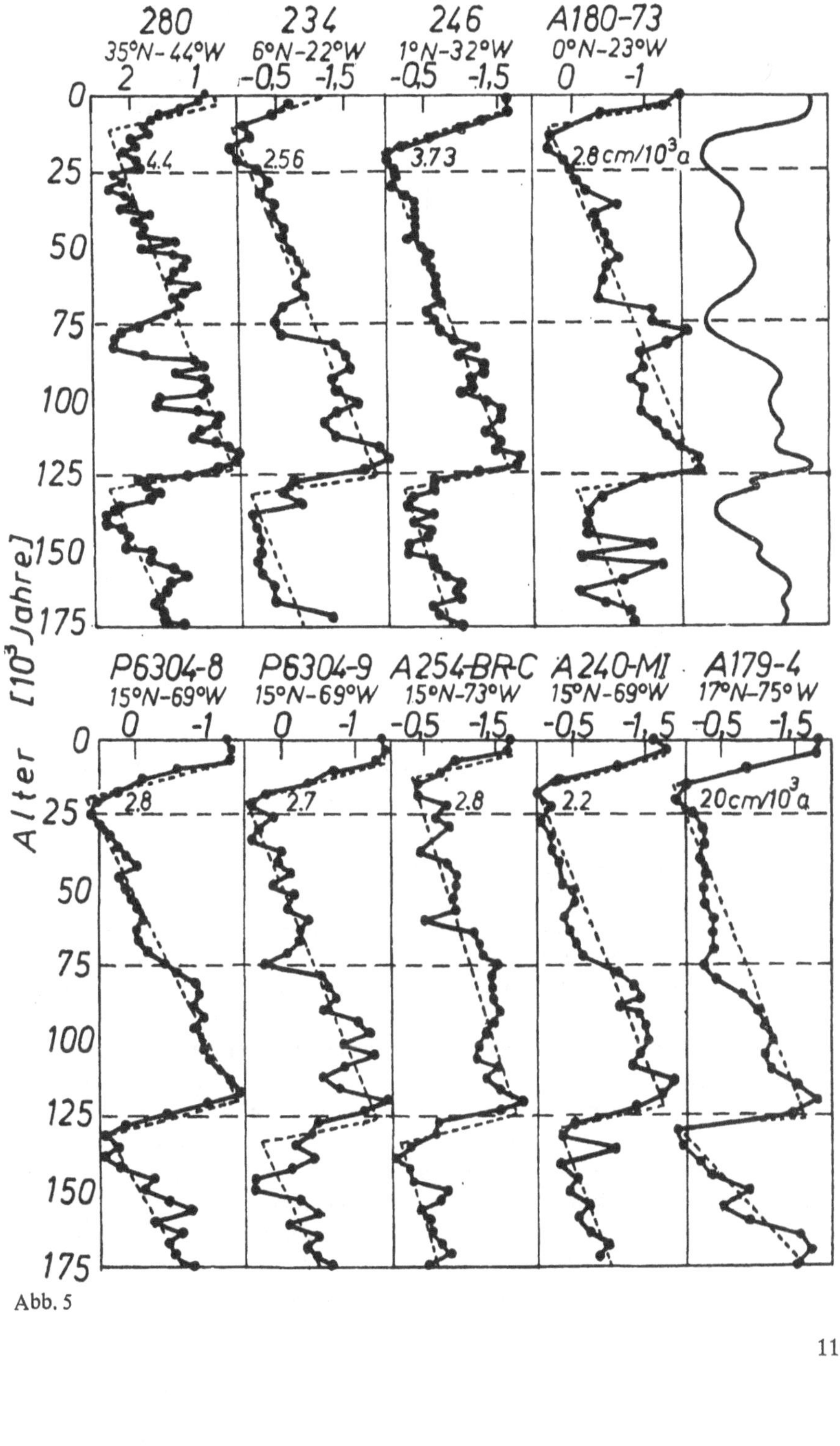
280
35°N-44°W
234
6°N-22°W
246
1°N-32°W
A180-73
0°N-23°W
4.4
2.56
3.73
2.8 cm/10³a
P6304-8
15°N-69°W
P6304-9
15°N-69°W
A254-BR-C
15°N-73°W
A240-MI
15°N-69°W
A179-4
17°N-75°W
2.8
2.7
2.8
2.2
20cm/10³a
Alter [10³ Jahre]

Abb. 5

Für die Endphase des bislang letzten Glazials ist der Temperaturverlauf nochmals in Abbildung 6 auf der Grundlage von ^{18}O-Konzentrationsbestimmungen in grönländischen Eisbohrkernen nach Dansgaard dargestellt. Zwischen $15 \cdot 10^3$ und $10 \cdot 10^3$ v.h. vollzog sich demnach ein mehrfacher Wechsel zwischen spätglazialen kalten

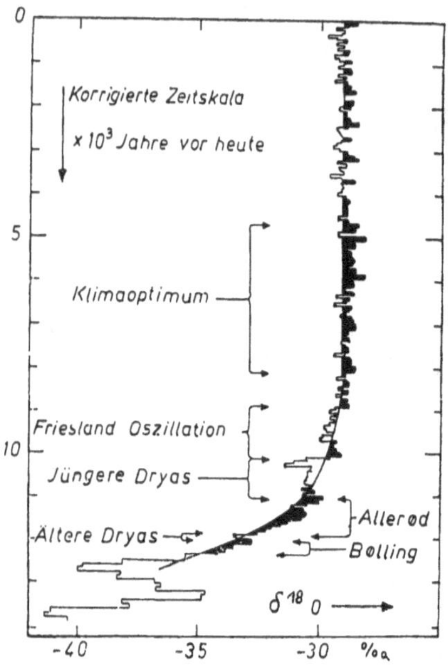

Abb. 6 Ausschnitte aus dem Profil der ^{18}O-Abreicherung (Camp Century, Grönland) nach Dansgaard 1971 in der Darstellung von Oeschger 1980.

(Dryas) und warmen (Bølling, Allerød) Perioden mit – im Vergleich zu den folgenden Jahrtausenden – ungewöhnlich großen Temperaturschwankungen. Erkennbar sind aber auch das Klimaoptimum (Atlantikum) des gegenwärtigen Interglazials zwischen etwa 8000 bis 5000 v.h. (man vergleiche dazu das kleine polnahe Bestrahlungsmaximum im Nordsommer in Abbildung 3!), das sehr viel kürzere mittelalterliche Klimaoptimum um 1000 u.Z., der Temperaturrückgang der „kleinen Eiszeit" im 16. bis 18. Jahrhundert und die nachfolgende Erwärmung mit ihrem Höhepunkt um die Mitte des 20. Jahrhunderts.

Bei der Diskussion des Eiszeitproblems sollte zwischen den terrestrischen oder extraterrestrischen Ursachen (Eigenschwankungen im System Ozean-Atmosphäre-Kryosphäre bzw. Schwankungen der Erdbahnelemente) für die enormen Schwankungen zwischen glazialem und interglazialem Klimaregime auf der einen Seite und den Mechanismen auf der anderen Seite unterschieden werden, die zum Auftreten einer Eisbedeckung in polaren Breiten mit der damit verbundenen hochgradigen Sensitivität und Instabilität des globalen Klimas führten.

Solche Mechanismen werden in erster Linie in den Auswirkungen der globalen Plattentektonik vermutet, die zu tiefgreifenden Veränderungen in Größe, Lage und Gestalt der Meeresbecken wie der Kontinente führten — im Verlaufe des Känozoikums beispielsweise zur Bildung des Atlantischen Ozeans und eines weitgehend abgeschlossenen Nordpolarbeckens, zum Abschluß der Tethys und zur Entstehung des Mittelmeeres mit später mehrfacher Austrocknung und erneuter Wasserfüllung, zur Unterbrechung der direkten Verbindung zwischen Atlantischem und Stillem Ozean durch die mittelamerikanische Landenge und schließlich zur Ausbildung einer zirkumpolaren Meeresströmung nach der Loslösung Australiens vom antarktischen Kontinent, was dessen erneute Vereisung begünstigte (Monin und Siškov 1979).

Beachtung verdient u. E. auch der Einfluß der im Tertiär entstehenden großen Gebirgssysteme auf die Dynamik der allgemeinen Zirkulation der Atmosphäre. Von anderer Seite wird eine Abnahme des CO_2-Gehaltes der Atmosphäre in geologischen Zeiträumen ins Feld geführt (Budyko). Als mögliche Triggereffekte für die Einleitung einer Kaltzeit wird auf Ausbrüche des antarktischen Inlandeises (Wilson) bzw. auf den Effekt ausgedehnter stratosphärischer Vulkanstaubtrübungen (Flohn) oder auch von Schwankungen der solaren Strahlungsflußdichte verwiesen; die bereits erwähnten Zeugnisse wiederholter drastischer Abkühlungen innerhalb von Zeiträumen der Größenordnung von nur 10^2 Jahren (Flohn) lassen jedenfalls auch an solche kurzfristig wirksame Initiierungsmechanismen für weltweite Abkühlungen denken.

Wie dem auch sei, vollzog sich während des Tertiärs ein allmählicher weltweiter Temperaturrückgang, der in den mittleren Breiten größenordnungsmäßig 10 K betrug und der zum Pleistozän mit seinen bereits erwähnten Temperaturschwankungen von mehreren 10^4 bis etwa 10^5 Jahren Periodendauer und aus früheren geologischen Epochen für vergleichbare Zeiträume unbekannten Amplituden überleitete.

Abbildung 7 zeigt noch einmal einen generalisierten Temperaturverlauf der letzten $130 \cdot 10^3$ Jahre nach verschiedenen Klimaindikatoren (Kukla 1981), der insbesondere

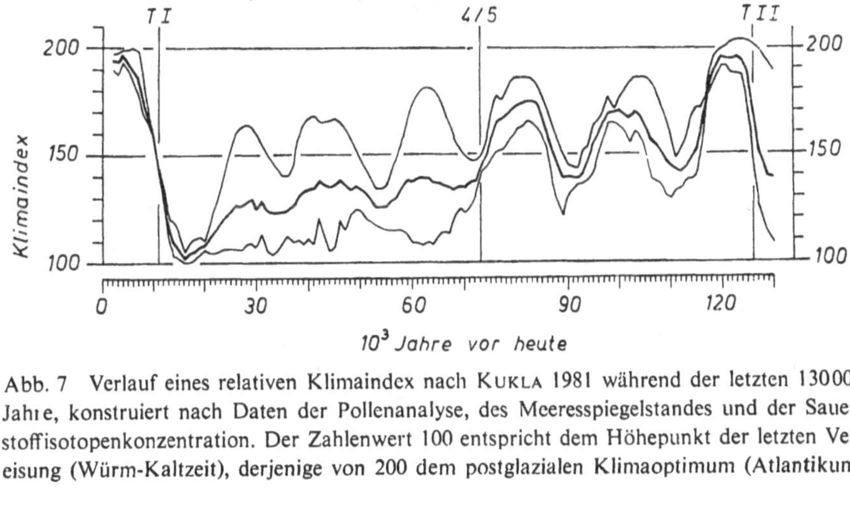

Abb. 7 Verlauf eines relativen Klimaindex nach Kukla 1981 während der letzten 130000 Jahre, konstruiert nach Daten der Pollenanalyse, des Meeresspiegelstandes und der Sauerstoffisotopenkonzentration. Der Zahlenwert 100 entspricht dem Höhepunkt der letzten Vereisung (Würm-Kaltzeit), derjenige von 200 dem postglazialen Klimaoptimum (Atlantikum)

die bislang letzte Kaltzeit umfaßt. Das auch in Abbildung 4 erkennbare Temperaturminimum in deren letzter Phase vor etwa $18 \cdot 10^3$ Jahren stellt vermutlich zugleich den kältesten Abschnitt des gesamten Pleistozäns und damit auch des Käno-, und Mesozoikums, d.h. zumindest der letzten $150 \cdot 10^6$ Jahre der Erdgeschichte dar.

Die Urgesellschaft, deren Anfänge nach HERRMANN 1982 etwa auf die Zeit um $30 \cdot 10^3$ v.h. und damit in das mittlere Würm-Glazial mit einem deutlich ausgeprägten Interstadial (vgl. Abb. 4) datiert werden können, hatte sich also im Verlaufe ihrer weiteren Entwicklung mit selbst in geologischen Zeitmaßstäben ungewöhnlich harten Klimabedingungen auseinanderzusetzen.

Überhaupt erscheint das Zusammenfallen der Anthroposoziogenese mit der in erdgeschichtlicher Hinsicht bestehenden Ausnahmesituation weltweiter Vereisungen bzw. rascher Veränderungen der natürlichen Umweltbedingungen auch in eisfreien Gebieten, wie in Ost- und Südafrika, bemerkenswert, wo etwa um $2 \cdot 10^6$ v.h. die Epoche der Homo-Deviation (Homo habilis) aus dem Australopithecus-Feld einsetzt, während der Homo erectus im Frühpleistozän (Donau-Glazial), der Homo sapiens neanderthalensis/Präsapiens zu Beginn des Mittelpleistozäns (Holstein-Interglazial) und der Homo sapiens sapiens im Interstadialkomplex des Würm-Glazials um $30 \cdot 10^3$ v.h. erscheint (vgl. HERRMANN a.a.O. und teilweise abweichende Datierungen anderer Autoren).

Sowohl für den Übergang zur Arbeit als Grundlage für die Herauslösung des Menschen aus dem Tierreich im Bereich der tropischen Savannen als auch für die weitere Entfaltung des Arbeitsprozesses und des gesellschaftlichen Verhaltens dürften die Naturbedingungen — besonders in den waldlosen Periglazialgebieten mit dem Zwang zur Großwildjagd und zur Auseinandersetzung mit großen Raubtieren — eine wesentliche Rolle gespielt haben.

In und mit der Gesellschaft lernte der Mensch in jedem Klima zu leben und verbreitete sich über die gesamte bewohnbare Erde:

> „Und der Übergang aus dem gleichmäßig heißen Klima der Urheimat in kältere Gegenden, wo das Jahr sicher in Winter und Sommer teilte, schuf neue Bedürfnisse: Wohnung und Kleidung zum Schutz gegen Kälte und Nässe, neue Arbeitsgebiete und damit neue Betätigungen, die den Menschen immer weiter vom Tier entfernten." (MEW 20, S. 450).

Nur am Rande sei auf die mit den pleistozänen Temperaturschwankungen verknüpften Schwankungen des hydrologischen Zyklus bzw. der Feuchtebedingungen verwiesen, wobei weltweit erniedrigte Temperaturen herabgesetzter Verdunstung und damit global vermindertem Niederschlag bei gleichzeitig vergrößertem Eisvolumen und abgesenktem Meeresspiegel entsprachen. Dies beeinflußte die physikalischen Umweltbedingungen auch außerhalb der Vereisungsgebiete nachhaltig. So war die hochglaziale Würm-Spätphase nachweislich eine Zeit deutlicher Schrumpfung der tropischen Regenwaldzone und verminderter Niederschläge in den Trockengebieten Afrikas, von lokalen und regionalen Ausnahmen (Winterniederschläge am polwärtigen Rand der subtropischen Hochdruckzone) abgesehen; die Abbauphase der letzten

Vereisung dagegen und besonders das Atlantikum wurde von mehreren humiden Phasen unterschiedlicher Ausdehnung und Ausprägung zwischen dem äquatorialen Afrika und dem Mittelmeerraum einschließlich der zentralen Sahara begleitet (z. B. MESSERLI 1980).

2. Zur Klimaentwicklung des letzten Jahrtausend im europäischen Raum

2.1. Überblick

Für den Zeitraum des zu Ende gehenden Jahrtausends läßt sich aus Isotopenuntersuchungen, Pollenanalysen, Baumringstudien, archäologischen Aufschlüssen, phänologischen Daten (unter Einschluß z. B. von Weinernten und Getreidepreisen) und Aufzeichnungen markanter Witterungsereignisse ein ungefährer Temperatur- und Niederschlagsverlauf für den mittel- und nordwesteuropäischen Raum rekonstruieren, der an die zum Ausgang des 17. Jahrhunderts beginnende Epoche instrumenteller Beobachtungen angeschlossen werden kann.

Aus archäologischen Befunden und historischen Quellenstudien lassen sich im mittel- und westeuropäischen Raum zwei extreme Klimaperioden vor Beginn des instrumentellen Zeitalters definieren, die vermutlich die charakteristischen Klimaextreme dieses Raumes seit der unmittelbaren nacheiszeitlichen Warmzeit (Atlantikum) beschreiben. Das sogenannte mittelalterliche Klimaoptimum mit milden, niederschlagsreichen Wintern und warmen Sommern und begleitet von einer Häufung von Nordseesturmfluten begann um das Jahr 1000 (im grönländisch-isländischen Raum etwa zwei Jahrhunderte früher) und dauerte bis etwa 1300. Dabei entsprachen die Bedingungen etwa dem Klimaoptimum unseres Jahrhunderts; nur die Sommer waren vermutlich etwas wärmer. Das entgegengesetzte Extrem war die sogenannte „kleine Eiszeit“, ein Klima-Pessimum mit einer Häufung kalter Winter und extrem kühler Sommer, das etwa von 1560 bis 1700 andauerte. Nach der Darstellung bei LAMB 1980 änderten sich die Mitteltemperaturen zwischen beiden Extremen in Westeuropa nur um wenig mehr als 1 K. Dies ist eine wichtige Vergleichsgröße, wenn wir die Temperatur als beschreibendes und charakterisierendes Klimaelement benutzen. So beträgt die mittlere interannuelle Variabilität der Mitteltemperaturen unserer Jahreszeiten etwa ebenfalls 1 K. (Die Extreme der Monatsmitteltemperaturen haben ebenso wie der Jahresgang eine etwa zehnfach größere Schwankungsweite.) Dementsprechend schwer ist es, echte Klimaschwankungen von weniger als 1 K in unserem Witterungsregime zu erfassen (Signal-Rausch-Verhältnis).

Wir erlauben uns noch eine Bemerkung zu den beiden beschriebenen, geschichtlich nach der Zeitwende erschlossenen Klimaextremen. Bisher hat die Geschichtsschreibung den Einfluß des Klimas auf die ökonomisch-sozialen Gesellschaftsstrukturen nur wenig analysiert, obgleich einige Hinweise von Marx und Engels in dieser Richtung existieren (vgl. BERNHARDT 1981). Es wäre interessant zu prüfen, inwieweit z. B. das mittelalterliche Klimaoptimum die gesellschaftliche Prosperität förderte, die in Westeuropa zur Nationalstaatenbildung und Einleitung der Frührenaissance führte. Andererseits dürfte die unsäglich mühsame ökonomische Erholung Deutschlands nach dem 30jährigen Krieg offenbar durch die „kleine Eiszeit“ zusätzlich erschwert worden sein. Aus der Analyse der Daten der instrumentellen Epoche, die auf dem Gebiet der Temperaturmessungen jetzt mehr als 250 Jahre ausmacht, wissen wir, daß sich charakteristische Klimaperioden über Zeitläufe von einigen Jahrzehnten definieren lassen. Dabei hat natürlich die Beschreibung des Gesamtklimas durch nur ein Klimaelement ihre Grenzen.

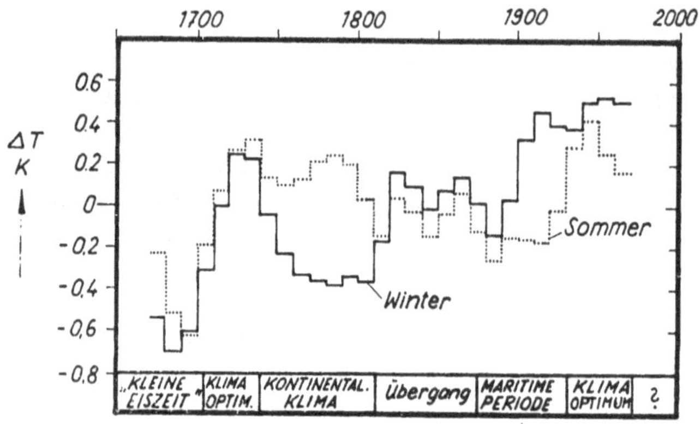

Abb. 8 Klimatische Variationen, erschlossen aus dem Verlauf der Winter- und Sommertemperaturen in Mittelengland (Daten nach Manley 1974)

In Abbildung 8 haben wir die Temperaturreihe von Mittelengland 1670—1980 auf der Basis der Daten von Manley 1974 analysiert. Es sind einfach geglättete zehnjährige Mittel der Lufttemperatur als Abweichungen vom Gesamtmittel dargestellt, getrennt für das Winterhalbjahr (ausgezogen) und für das Sommerhalbjahr (punktiert).

Der Vergleich der beilen Kurven läßt erkennen, daß in den letzten 250 Jahren alle erdenklichen Kombinationen von Sommer- und Wintertemperaturen aufgetreten sind:

kalte Sommer kalte Winter	Klimapessimum, „kleine Eiszeit“	Andauer bis 1710
warme Sommer milde Winter	Klimaoptimum	um 1730 um 1950
warme Sommer kalte Winter	kontinentales Klima	1750—1810
kühle Sommer milde Winter	maritimes Klima	1890—1930

Die Abbildung 8 läßt ferner erkennen, daß seit 1800 die Temperaturen des Winterhalbjahres allgemein ansteigen und wir insbesondere im 20. Jahrhundert eine Häufung milder Winter beobachten. Die Sommertemperaturen waren dagegen vom 18. Jahrhundert bis Beginn des 20. Jahrhunderts allgemein abgefallen und stiegen erst wieder zum Klimaoptimum um 1950 an. Wir können annehmen, daß wir gegenwärtig wieder und noch unter klimatischen Bedingungen leben, die annähernd dem mittelalterlichen Klimaoptimum entsprechen.

Ein Bild von der Entwicklung der Sommer- und Wintertemperaturen an vier mittel- bzw. westeuropäischen Stationen in den letzten zwei Jahrhunderten vermittelt Abbildung 9 auf der Grundlage der Daten von BAUR 1975. Man erkennt auch hier die positiven Abweichungen der Sommer- und die negativen Abweichungen der Wintertempe-

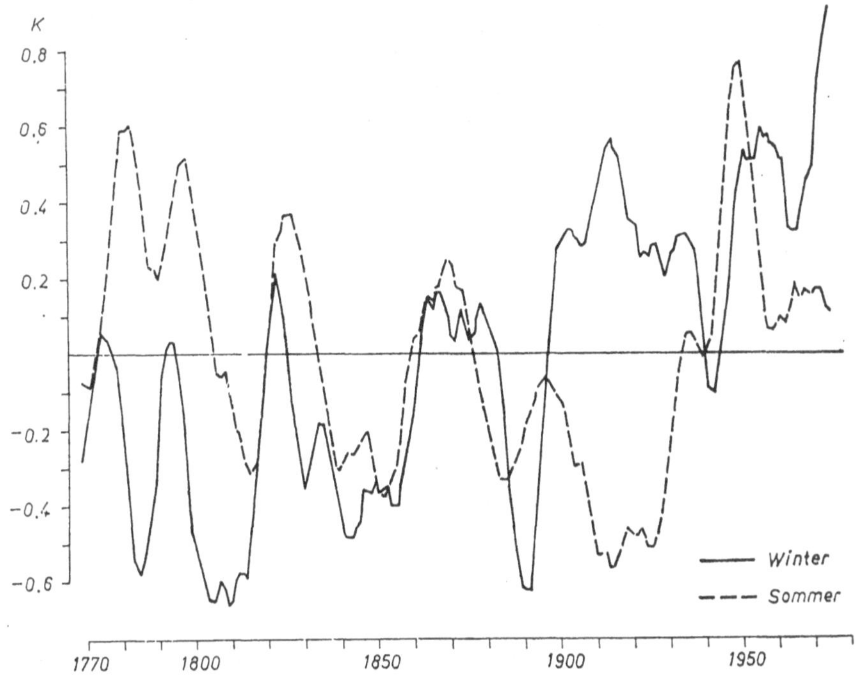

Abb. 9 15jährig übergreifend geglätteter Verlauf der Temperaturabweichungen des Sommer- und des Winterhalbjahres vom Mittelwert der Jahre 1761–1970 an den Stationen De Bilt, Potsdam bzw. Berlin, Basel und Wien (Daten nach BAUR 1975)

raturen vom Mittelwert des Zeitraumes 1761–1970 in den letzten Jahrzehnten des 18. und zu Beginn des 19. Jahrhunderts (thermisch „kontinentales" Klimagepräge), gefolgt von negativen Temperaturabweichungen, besonders mit niedrigen Wintertemperaturen in den beiden ersten Jahrzehnten sowie nochmals um die Mitte und gegen Ende des 19. Jahrhunderts. Die seit 1890 kräftig ansteigenden Winter- bei zunächst noch niedrigen Sommertemperaturen geben zu einer „maritimen" Periode Anlaß; das nachfolgende Klimaoptimum erscheint durch das Auftreten einzelner sehr kalter Winter (vgl. auch Abb. 17) und heißer, trockener Sommer seit den 40er Jahren unseres Jahrhunderts getrübt. Insgesamt jedoch steigen die mittleren Wintertemperaturen in den 70er Jahren auf die höchsten Werte der letzten 200 Jahre, vermutlich sogar seit dem Klimaoptimum im Mittelalter an. Wie aber die Winter 1969/70 und 1978/79 beweisen, sind auch in einer solchen Klimaperiode einzelne strenge Winter bzw. extreme winterliche Witterungsereignisse mit erheblichen volkswirtschaftlichen Auswirkungen jederzeit möglich.

Überhaupt ist es eine der wichtigsten Lehren der Klimageschichte, daß vor dem Hintergrund langperiodischer Klimaschwankungen und -pendelungen in jeder Phase extreme Wetter- und Witterungserscheinungen im Zeitbereich von Monaten bis Jahren auftreten können, wie sie anscheinend gehäuft im Ausklang des mittelalterlichen Klimaoptimums (besonders in den Jahren 1310–1350 und 1430–1480) verzeichnet sind. Die nur in Ausnahmefällen mehr als etwa ein Jahrhundert zurückreichenden Reihen zuverlässiger instrumenteller Beobachtungen schöpfen den möglichen Schwankungsbereich der meteorologischen Elemente in unserem Klimagebiet einschließlich des Auftretens extremer meteorologischer Ereignisse sicher nicht aus; klimatologisch-statistische Angaben für die Praxis beziehen sich überdies in der Regel auf sog. klimatologische Normalperioden in unserem Jahrhundert und damit auf ein Klimaregime, wie es für den Zeitraum der letzten 500 Jahre durchaus nicht typisch ist.

2.2. Klimaschwankungen im 20. Jahrhundert

2.2.1. Globaler Hintergrund

Übersichtsdarstellungen zum Problem der rezenten Klimaschwankungen sind u.a. bei GRIBBIN 1978, PITTOCK et al. 1978, MONIN und SIŠKOV 1979, BUDYKO 1980, OESCHGER et al. 1980, ADAMENKO et al. 1982, BORISENKOV und PASECKI 1983, FLOHN und FANTECHI 1984 zu finden.

Bezüglich der globalen Entwicklung ist durch viele Arbeiten belegt, daß die markanteste Klimaschwankung der jüngeren Vergangenheit in einer nahezu die gesamte Erdoberfläche umfassenden Erwärmung von etwa 0,5 K seit 1880 in bezug auf die Jahresmittel der Lufttemperatur an Landstationen bestand, die in den vierziger Jahren in mittleren und höheren Breiten der Nordhalbkugel ihren Höhepunkt erreichte (vgl. z.B. KUKLA und ROBINSON 1981, WCP 1982).

Die Schwankungen der Jahresmittelwerte der Oberflächentemperatur der Nordhalbkugel nördlich 30° Breite zeigt Abbildung 10 nach einer Darstellung von GRUZA und RAN'KOVA 1979. Man erkennt den sich seit Ende des 19. Jahrhunderts vollziehenden Anstieg der Lufttemperatur, dem offenbar Schwankungen unterschiedlicher Frequenz überlagert sind. Nach 1940 beginnt – gleichfalls unter Schwankungen – ein Temperaturrückgang, der anscheinend in den letzten Jahren wieder von einem Temperaturanstieg abgelöst wird. Diese Temperaturentwicklung hat sich sowohl in der kalten wie auch in der warmen Jahreszeit vollzogen. Die Hinzuziehung der Oberflächenwassertemperatur der Ozeane ergab, daß sich auch die Meere seit Beginn dieses Jahrhunderts erwärmt haben. Allerdings bestehen deutliche Phasenunterschiede zwischen der Oberflächen-Lufttemperatur und der Oberflächen-Wassertemperatur in dem Sinn, daß die Lufttemperaturerhöhung der Erwärmung des Wassers vorausgeht. Nach PALTRIDGE und WOODRUFF 1981 beträgt die Phasenverzögerung gegenüber der bekannten Kurve von MITCHELL 1963 für Landstationen 10 bis 20 Jahre bei gleichzeitig größerer Amplitude der Meeresoberflächentemperaturschwankung, die überdies im Gegensatz zur Lufttemperatur über dem Festland auf der Südhalbkugel deutlicher ausgeprägt ist.

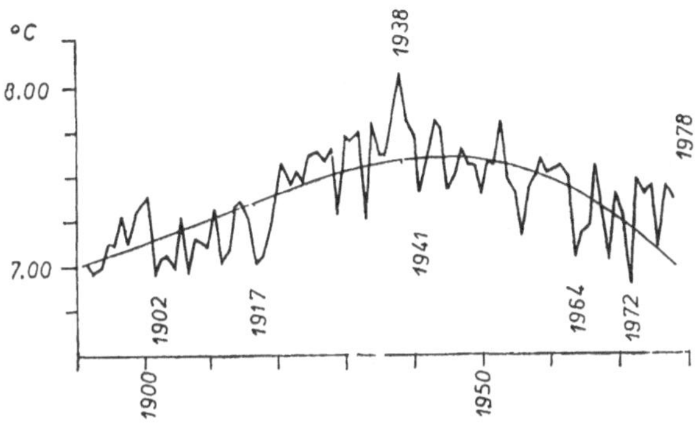

Abb. 10 Verlauf der Jahresmitteltemperatur (reduziert auf Meeresniveau) für die Festlandsgebiete der Nordhalbkugel nördlich von 30° N für den Zeitraum 1891–1978 nach GRUZA und RAN'KOVA 1979

Das unterschiedliche Verhalten der Luft- und Wassertemperatur im regionalen Maßstab macht die Abbildung 11 deutlich, auf der die langjährigen geglätteten Gänge der Luft- und Wassertemperatur im Gebiet der Färöer-Inseln dargestellt sind. Im Winter (Februar) beginnt der Wassertemperaturanstieg im Vergleich zum Gang der Lufttemperatur später, verläuft wesentlich langsamer und ist bis zur Gegenwart noch nicht wieder zurückgegangen. Im Sommer (August) zeigt die Erwärmung und nachfolgende Abkühlung in den dreißiger und vierziger Jahren ebenfalls eine deutliche, wenn auch geringere, Phasenverschiebung. Dasselbe ist schließlich auch für die Jahreswerte zu erkennen. Dieser Befund belegt die Trägheit des Ansprechens der ozeanischen Zirkulation, insbesondere des meridionalen Wärmeaustausches durch die Meeresströmungen, im Vergleich zur Zirkulation der Atmosphäre, mit deren Schwankungen die beobachteten Klimafluktuationen in engem Zusammenhang stehen. Die thermische Trägheit des Ozeans gegenüber Temperaturschwankungen im hier diskutierten Periodenbereich ist dabei, wie aus Abbildung 11 ersichtlich, in der warmen Jahreszeit auf Grund der Ausbildung einer warmen Deckschicht bei kleinerer vertikaler Mächtigkeit der Mischungsschicht geringer als in der kalten Jahreszeit unter den Bedingungen tief hinabreichender Konvektion (vgl. auch v. SCHÖNERMARK 1983).

Nach JONES et al. 1982 können für die Nordhalbkugel für das Jahrhundert 1881/1980 für alle Jahreszeiten ähnliche Trends festgestellt werden, wobei aber zwischen den einzelnen Jahreszeiten Phasenunterschiede bis zu 10 Jahren auftreten. So war in den

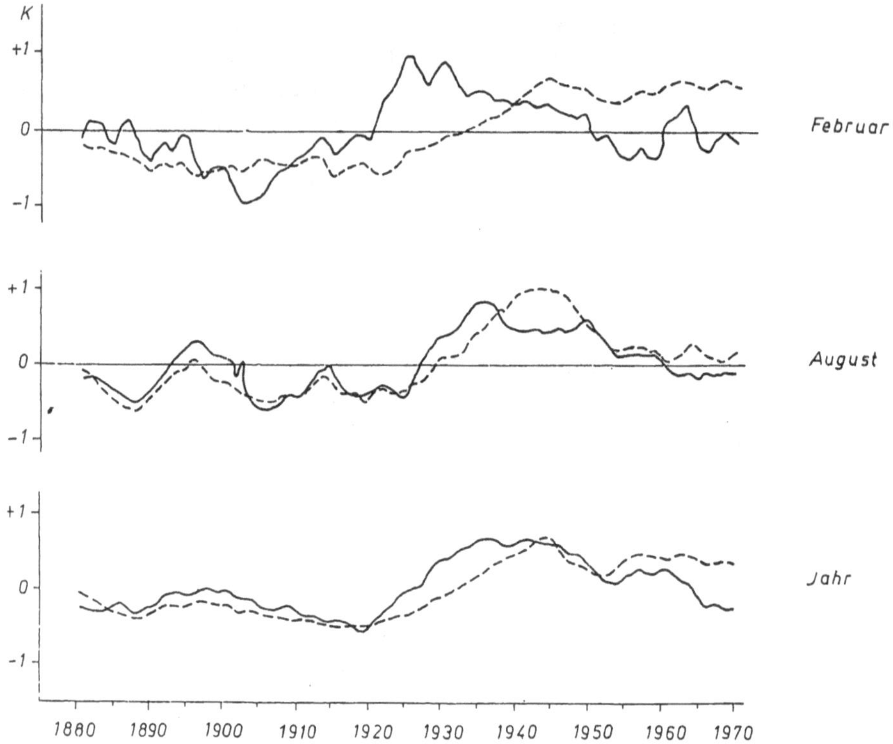

Abb. 11 10jährig übergreifend geglätteter Verlauf der Luft (ausgezogen)- und Wassertemperaturabweichungen (gestrichelt) vom Mittelwert der Jahre 1876–1975 im Gebiet der Färöer (Daten nach World Weather Records und Monthly Climatic Data for the World bzw. SMED 1982)

vierziger Jahren insbesondere die Erwärmung im Winter markant, während in den anderen Jahreszeiten das Temperaturmaximum bereits ein Jahrzehnt früher eintrat. Die allgemeine Variabilität ist im Winter am größten.

Es gibt Hinweise, daß der seit den vierziger Jahren herrschende Abkühlungstrend beendet ist. So wird vermutet, daß zu Beginn der siebziger Jahre wiederum ein Trend ansteigender Temperaturen zunächst im Winter und im Frühjahr, später auch im Herbst und Sommer eingesetzt hat. Die interannuelle Veränderlichkeit war in den siebziger Jahren höher als vorher (vgl. auch DAMON und KUNEN 1976). Die Folgen einer möglichen Erwärmung werden abgeschätzt (z.B. FLOHN 1980). Ein globaler Temperaturanstieg von 0,4 bis 0,5 K bis zum Ende des Jahrhunderts liegt im Bereich des Möglichen.

Allerdings haben sich Nord- und Südhalbkugel in den letzten Jahrzehnten hinsichtlich der mittleren Lufttemperaturen an der Erdoberfläche offenbar gegenläufig entwickelt (vgl. PALTRIDGE und WOODRUFF 1981); die Schwankungen sind generell in den Polargebieten am größten, in der Tropenzone am geringsten. Unter Hinweis auf das unterschiedliche Trendverhalten beider Halbkugeln kommen HANSEN et al. 1981 zu dem Schluß, daß die globale Jahresmitteltemperatur an der Erdoberfläche nach einem Anstieg um etwa 0,5 K zwischen 1885 und 1940 (und einem Rückgang um etwa 0,2 K bis Mitte der 70er Jahre) gegenwärtig noch nahezu so hoch ist wie 1940. Jedoch ist über dem größten Teil der Südhalbkugel auch heute noch die Beobachtungsnetzdichte zu gering, als daß völlig verläßliche Schlußfolgerungen gezogen werden könnten.

Rezente Klimafluktuationen können auch indirekt über die veränderliche Ausdehnung von Schnee- und Eisflächen mittels Satelliten verfolgt werden. So ist die sommerliche Ausdehnung des Meereises in den antarktischen Gewässern seit 1975 zurückgegangen (KUKLA und ROBINSON 1981). In höheren Breiten erscheinen die Erwärmungs- und Abkühlungsphasen früher als weiter äquatorwärts.

An diesen wenigen Beispielen wird deutlich, daß die Klimafluktuationen der Gegenwart — ausgedrückt durch Luft- und Wassertemperaturschwankungen — als sehr komplexer Prozeß aufgefaßt werden müssen.

Die rezenten Klimaschwankungen betreffen auch andere klimatische Elemente, z.B. die Luftfeuchte (vgl. OORT 1982). Sie drücken sich in Schwankungen des Wasserdargebotes aus, was von erheblicher volkswirtschaftlicher Bedeutung ist (DYCK 1981). Hinweise auf Intensitätsänderungen des globalen Wasserkreislaufes im Zeitraum 1894 bis 1975 verdanken wir KLIGE 1982. In der genannten Zeitspanne kam es global zu einer Abnahme der Gesamtwassermenge der Binnenseen (33 km^3/Jahr), des Grundwassers (108 km^3/Jahr), der Festlandsgletscher (23 km^3/Jahr) sowie der Eismassen der Arktis und der Antarktis um 183 km^3/Jahr. Demzufolge nahm das Volumen des Ozeans zu. Hinsichtlich des Verhaltens der einzelnen Wasserhaushaltsgrößen wurde u.a. gefunden, daß die Meeresverdunstung bis etwa 1940 einen Anstieg, dann eine Abnahme zeigte. Dasselbe Verhalten wies auch der Meeresniederschlag auf. Das Gesamtvolumen der Seen nahm ebenfalls bis 1940 ab, danach wurde Konstanz und später langsame Zunahme beobachtet. Auch der globale Grundwasserspiegel sank bis etwa 1950, gefolgt wieder von einer Zunahme der unterirdischen Wasservorräte. Das Verhalten der großen Eisreservoire war dadurch gekennzeichnet, daß wiederum bis 1940 eine langsame, danach eine stärkere Abnahme erfolgte (siehe hierzu auch das langjährige Pegelverhalten von Warnemünde in Abb. 22). Für den Niederschlag auf der Nordhalbkugel ergibt sich nach GRUZA 1982 im Zeitraum 1891—1975 eine Zunahme im Januar und eine mittlere Abnahme im Juli. Dabei zeigt der Januarniederschlag in den meisten Gebieten eine Zunahme in den 40er und 50er Jahren unseres Jahrhunderts, der (mit Ausnahme Nordamerikas) eine deutliche Abnahme und sodann wieder eine markante Zunahme ab Mitte der 70er Jahre folgte. Die gleiche Tendenz ist — weniger einheitlich — auch für den Monat Juli erkennbar, mit relativ niedrigen Niederschlagssummen bereits Anfang der 60er Jahre.

So läßt sich das Wirken der rezenten Klimaschwankungen am Verhalten vieler Parameter demonstrieren.

Wie aus dem Verhältnis von Trendamplitude und interannueller Variabilität der meisten Klimaelemente ersichtlich, fällt es dabei in der Regel sehr schwer, einen genauen Zeitpunkt für eine Trendwende anzugeben bzw. eine solche rechtzeitig zu erkennen. Zur Überwachung der Atmosphäre sind daher auch Verfahren willkommen, die eventuelle klimatologische Trends für ganze Stockwerke der Atmosphäre möglichst großräumig und repräsentativ erfassen.

In Abbildung 12 ist der mittlere jährliche Intensitätsverlauf des atmosphärischen Funkstörpegels für verschiedene Abschnitte des Zeitraumes 1957—1982 nach Messungen am Observatorium für Ionosphärenforschung Kühlungsborn des damaligen Zentralinstitutes für solar-terrestrische Physik der AdW der DDR wiedergegeben. Der Funkstörpegel im Längstwellenbereich ist ein Maß für die Gewittertätigkeit im Umkreis von einigen tausend Kilometern um die Station. Aus der Darstellung in Abb. 12 werden systematische Veränderungen des natürlichen Funkstörpegels im Beobachtungszeitraum deutlich: Der noch dem bereits unter 2.1 angeführten Klimaoptimum zugehörige hohe Gewitterstörpegel der Jahre 1957—1962 fiel ab Mitte der 60er Jahre zuerst steil, dann langsamer ab, um nach vorübergehender Stagnation seit 1978 (Treppenkurve) wieder merklich anzusteigen, ohne indes bisher das Niveau der späten 50er Jahre wieder erreicht zu haben. Man erkennt ferner, daß die Schwankungsamplitude des Funkstörpegels (in logarithmischem Maßstab) im Bezugszeitraum in den Sommer- und Herbstmonaten nur etwa halb so groß war wie in den Winter- und Frühjahrsmonaten, was abermals auf die jahreszeitlich unterschiedliche Ausprägung der Klimatrends verweist.

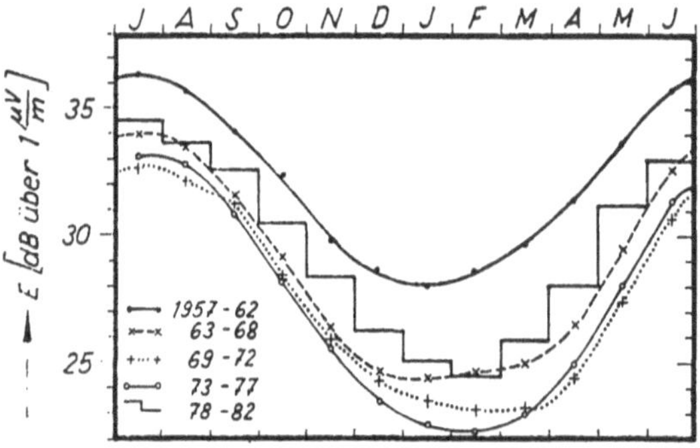

Abb. 12 Mittlere Jahresgänge (zentriert um die Monate Dezember/Januar) des für die Gewittertätigkeit im europäisch-atlantischen Raum repräsentativen Funkstörpegels im Längstwellenbereich (27 kHz) für verschiedene Perioden des Zeitraumes 1957—1982 am Observatorium für Ionosphärenforschung Kühlungsborn

Der zeitliche Verlauf des Gewitterstörpegels für die Monate März/April der Jahre 1958—1982 ist im unteren Teil der Abbildung 13 dargestellt. Deutlich ist in den betrachteten Frühjahrsmonaten das niedrige Niveau der Gewitteraktivität in den Jahren 1964—1978 erkennbar, das mit einer auch anderweitig beobachteten gesamttroposphärischen Abkühlung in diesem Zeitabschnitt einhergeht (z.B. Werner 1982). Andersartige Variationen wurden im gleichen Zeitraum in der mittleren Stratosphäre beobachtet (oberer Teil der Abb. 13). Während der mittlere hemisphärische Zonal-

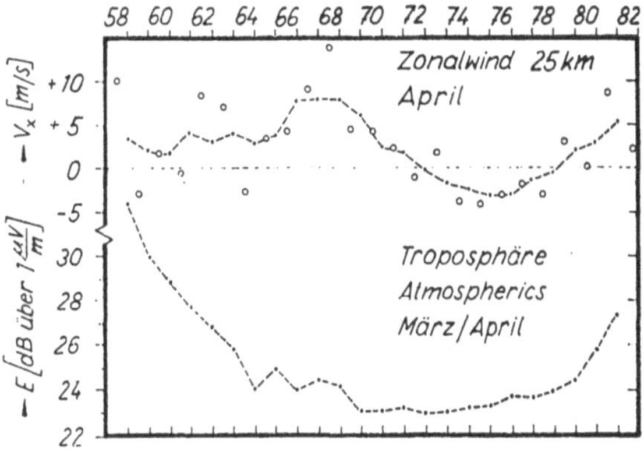

Abb. 13 Variationen troposphärischer und stratosphärischer Parameter im Frühjahr für den Zeitraum 1958—1982: Gang des Funkstörpegels (unten) bzw. der mittleren Zonalwindgeschwindigkeit längs 50° N in der 30-hPa-Fläche (entsprechend annähernd 25 km Höhe)

wind im April in 25 km Höhe und 50°N in den 60er Jahren noch durchweg aus Westen wehte, war in den siebziger Jahren zu diesem Zeitpunkt bereits die Umstellung auf die sommerliche Ostströmung erfolgt, was auf eine stärkere Erwärmung der Stratosphäre in höheren geographischen Breiten gegenüber dem Fortbestehen der niedrigen Troposphärentemperatur hinweist. Dementsprechend fanden ENTZIAN und LAUTER 1982 eine Verfrühung der Frühjahrsumstellung in der 30 hPa-Fläche von den 60er zu den 70er Jahren (von etwa dem 110. zum 90. Tag des Jahres). Entsprechend dem troposphärisch-stratosphärischen Kompensationsprinzip äußert sich die Trendwende mit Wiedererwärmung der Troposphäre (und damit ansteigender Gewitterhäufigkeit) ab 1978 gleichzeitig in einer Abkühlung der Stratosphäre mit wieder einsetzender mittlerer Westströmung im untersuchten Zeit-, Breiten- und Höhenbereich.

2.2.2. Atlantisch-europäischer Raum

Auch das Verhalten der Klimaelemente an der Erdoberfläche ist zu einem erheblichen Anteil an Schwankungen der allgemeinen Zirkulation der Atmosphäre geknüpft. Ein einfaches Maß für die mittlere Strömung bilden Luftdruckdifferenzen zwischen geeignet gewählten Meßpunkten. So sind in Abbildung 14 als zehnjährig übergreifende Jahresmittelwerte die Abweichungen der Luftdruckdifferenzen Azoren — Island, Potsdam — Kopenhagen sowie Nantes — Neufundland vom Mittelwert des Zeitraums 1901—1975 dargestellt, die in der angegebenen Reihenfolge als Indikatoren für die Zonalzirkulation über dem mittleren Nordatlantik, die Zonalzirkulation über dem nördlichen Mitteleuropa sowie für die Meridionalzirkulation über dem mittleren Nordatlantik dienen können.

Alle Kurven zeigen erhebliche Fluktuationen. So war bis etwa 1940 die Zonalzirkulation über dem Atlantik überwiegend stärker als normal, danach erfolgte unter Schwankungen eine Abnahme in Übereinstimmung mit den Aussagen in Abschnitt 2.1

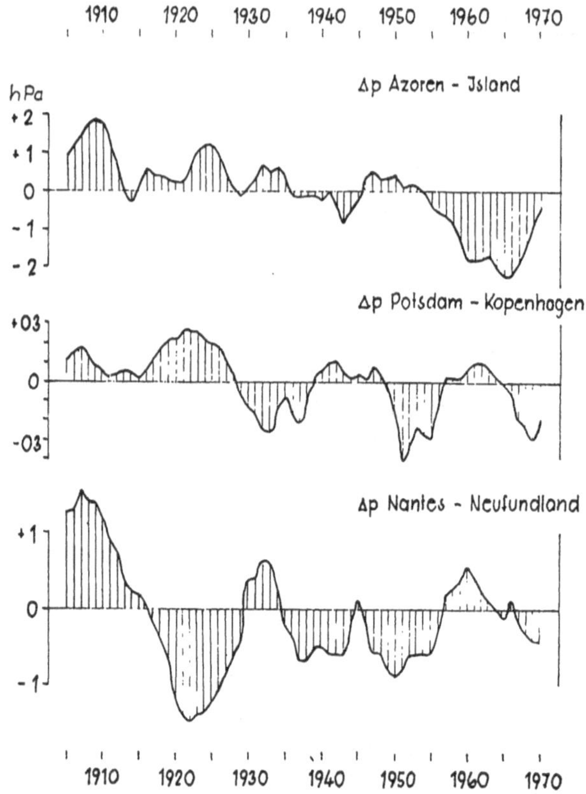

Abb. 14 10jährig übergreifend geglätteter Verlauf von mittleren Jahresanomalien der Luftdruckdifferenz zwischen verschiedenen Stationen (reduziert auf Meeresniveau)

und in den Abb. 8, 9 über eine vor der Jahrhundertwende einsetzende maritime Klimaperiode in West- und Mitteleuropa, die nach 1930 zu Ende ging und in den 40er Jahren einem häufigeren Auftreten heißer Sommer und kalter Winter Platz machte. Es fällt aber auf, daß der Gang der Druckdifferenz Potsdam — Kopenhagen nur wenig Ähnlichkeit mit dem Gang derjenigen zwischen Azoren und Island zeigt, was auf die Abhängigkeit der untersuchten Zirkulationsschwankungen vom betrachteten Maßstab (Scale) verweist. So ist die Luftdruckdifferenz Potsdam — Kopenhagen durch relativ regelmäßige Schwankungen um die Nullinie gekennzeichnet. Erhebliche Variationen weist auch die Meridionalzirkulation auf. Auffällig ist die Abnahme der Südkomponente der Strömung zwischen 1910 und nach 1920 sowie die nachfolgende Wiederzunahme bis in die dreißiger Jahre.

In einer Studie über die Schwankungen der atmosphärischen Zirkulation über Mitteleuropa anhand objektiver Parameter konnte WERNER 1982 nachweisen, daß die Trends in den einzelnen Monaten des Jahres unterschiedlich sind und daß die vorhandenen quasiperiodischen Schwankungen im allgemeinen nicht als persistent in der Zeit angesehen werden können.

Auf Grund der in bezug auf Raum und Zeit sehr unterschiedlichen Auswirkungen von Zirkulationsschwankungen sind bei der Untersuchung von Fluktuationen der Klimaelemente unbedingt regionale und jahreszeitliche Differenzierungen zu beachten. So findet KLEBER 1982 hinsichtlich der Temperatur die stärkste Variabilität im maritimen Gebiet des nordatlantisch-europäischen Sektors im Winter und Frühjahr, im kontinentalen Gebiet dagegen im Spätsommer und Herbst. Die im Jahresmittel seit 1965 zu beobachtende Erwärmung betrifft nach dieser Untersuchung nur die kontinentalen Stationen, während sich an den maritim beeinflußten Beobachtungspunkten die Abkühlung auch in den siebziger Jahren fortsetzte. Das jahreszeitlich unterschiedliche Kohärenzverhalten zwischen der Oberflächenwassertemperatur im Nordostatlantik und den Lufttemperaturen in Mitteleuropa bzw. Zentralengland wird aus der Untersuchung v. SCHÖNERMARKS 1983 deutlich, nach der in der warmen Jahreszeit signifikante Kohärenzen im Periodenbereich um 2–3, in der kalten Jahreszeit auch zwischen 12 und 24 Jahren bestehen.

Eine einheitliche Beschreibung der Klimaschwankungen im Gebiet zwischen West- und Südosteuropa gibt MEYER ZU DÜTTINGSDORF 1978. Es wird gezeigt, daß die Jahresamplituden der Lufttemperatur zwischen 1930 und 1940 ein Minimum hatten das Klima also eine erhöhte Maritimität aufwies. Die Frühjahrs- und Herbsttemperaturen stiegen zwischen 1900 und 1960 um etwa 0,6 K. Die Wintertemperaturen erreichten ihr Maximum zwischen 1920 und 1960 (mit einem Anstieg um etwa +0,6 K in Westeuropa und +1 K in Südosteuropa), wobei auch die Sommertemperaturen erhöht waren. So kann – in grundsätzlicher Übereinstimmung mit unseren Ausführungen unter 2.1 – auf ein Klimaoptimum um 1950 geschlossen werden, charakterisiert durch relativ warme Sommer bei noch milden Wintern und ansteigenden Herbst- und Frühjahrstemperaturen. Der Niederschlag ist in maritimen Klimaperioden erhöht, wobei jedoch großräumig seit Mitte unseres Jahrhunderts eine Abnahme des Niederschlages zu beobachten ist. Eindrucksvolle Änderungen phänologischer Phasen in verschiedenen Gebieten Europas weist SCHNELLE 1981 nach.

Zur Charakterisierung der Klimavariationen für das Gebiet der DDR sind in Abbildung 15 die Zehnjahresmittel der Lufttemperatur für Berlin seit 1771/80 als Abweichungen gegenüber dem Vergleichszeitraum 1951/80 dargestellt. Man erkennt sehr eindrucksvoll, daß sich das Klima von Berlin in den vergangenen Jahrzehnten und Jahrhunderten durch erheblich niedrigere Jahresmitteltemperaturen als in der Gegenwart auszeichnete. Auf der Abbildung sieht man den Übergang von der sog. „kleinen Eiszeit“ bis zum Temperaturmaximum in den vierziger Jahren. Bei der Beurteilung des für Berlin nachgewiesenen Temperaturanstiegs muß man allerdings beachten, daß die fortschreitende Bebauung eine anthropogen bedingte Erwärmungskomponente gegenüber dem Umland mit sich gebracht hat, wie sie als städtische Wärmeinsel an vielen Beispielen – auch für Städte der DDR – nachgewiesen ist. So nahm die mittlere Differenz der Lufttemperatur Berlin – Potsdam von 0,95 K um 1895 auf etwa 1,2 K um 1975, d.h. um 0,25 K zu.

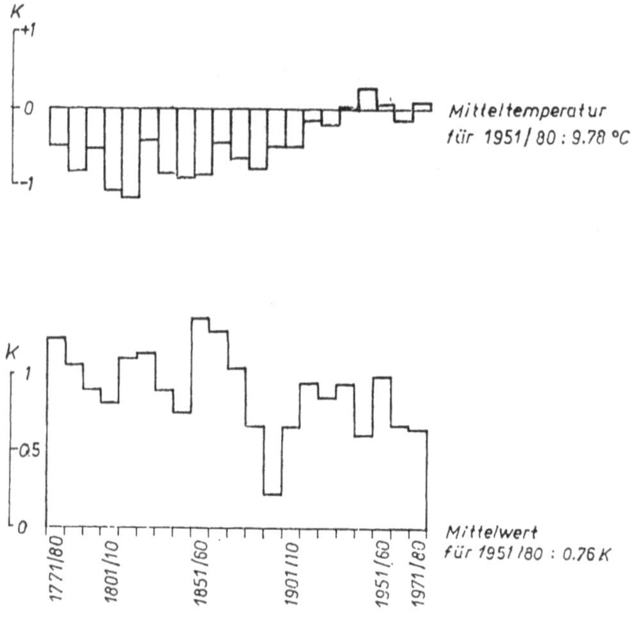

Abb. 15 Zehnjährige Mittelwerte der Lufttemperaturabweichungen vom Mittelwert der Jahre 1951/80 (oben) und der mittleren interannuellen Temperaturveränderlichkeit (unten) für Berlin

Die Abbildung 16 zeigt ähnlich wie auf Abbildung 15 die Temperaturentwicklung in Berlin, allerdings nach Jahreszeiten aufgegliedert. Man erkennt die besonders markant eingetretene Erwärmung in den Wintermonaten, aber auch im Frühjahr und Herbst. Verhältnismäßig geringere Variationen zeigt demgegenüber der Sommer. Diese Darstellungen belegen, daß während der letzten Jahrzehnte außerordentlich günstige klimatische Verhältnisse herrschten, wie sie für den hier betrachteten Beobachtungszeitraum keineswegs typisch sind.

Das belegen auch detailliertere Darstellungen der klimatischen Entwicklung in den Winter- und Sommermonaten. Beispielsweise zeigt Abbildung 17 den langjährigen Verlauf der Kältesummen (der Summe der negativen Tagesmitteltemperaturen) für die Station Rostock-Warnemünde. Die Kältesummen bestimmen mit der Strenge des Winters auch den Grad der Vereisung der westlichen Ostsee. Die exzeptionell auftretenden Strengwinter (mit Kältesummen über 300 K) stellen seltene Ereignisse dar, ihr statistisches Verhalten unterscheidet sich von dem der „Normalwinter“. Es sei erwähnt, daß für Mitteleuropa im Jahrzehnt 1971/80 die Winter mit Ausnahme 1978/79 im Vergleich zum langjährigen Mittelwert erheblich zu warm waren; dieses Jahrzehnt war in den Wintermonaten das wärmste seit Vorliegen von instrumentellen Beobachtungen.

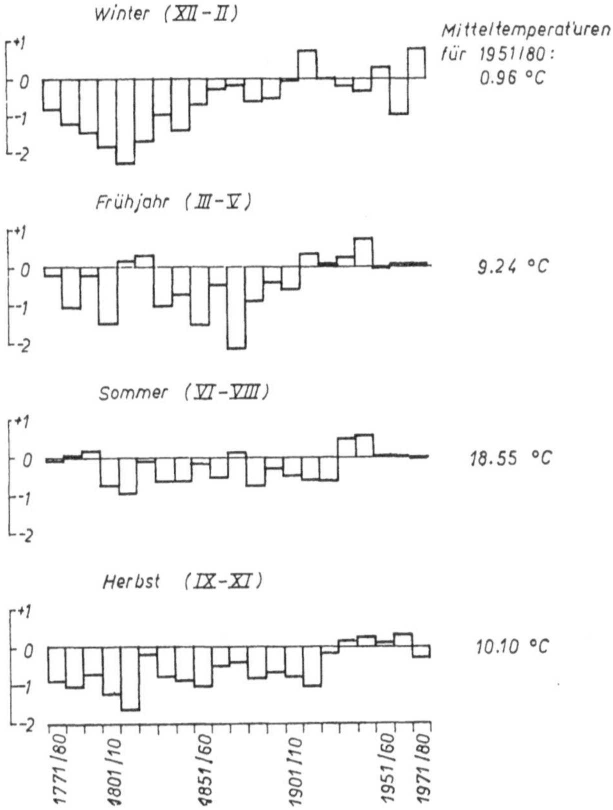

Abb. 16 Zehnjährige Mittelwerte der Lufttemperaturabweichungen in den einzelnen Jahreszeiten vom Mittelwert der Jahre 1951/80 für Berlin

Einen Einblick in die sommerlichen Verhältnisse vermittelt die Abbildung 18. Dargestellt sind im oberen Teil die Juli/August-Mittelwerte der Lufttemperatur für die Station Schwerin und der Oberflächenwassertemperatur für das dänische Feuerschiff Gedser Rev, das in der westlichen Ostsee zwischen Warnemünde und Gedser stationiert war. Wir erkennen bei der Lufttemperatur einen raschen Anstieg von Beginn des Jahrhunderts bis etwa 1930 und nachfolgend annähernde Konstanz bis in die vierziger Jahre, bevor wieder eine Abkühlung einsetzt, die nach 1960 in eine bis in die siebziger Jahre währende neuerliche Erwärmung übergeht. Die in ihren absoluten Werten niedriger liegenden Wassertemperaturen weisen in erheblichen Teilen des Kurvenverlaufs eine gute Korrelation zur Lufttemperatur auf. Zwischen 1915 und 1925 zeigt die Wassertemperatur jedoch ein entgegengesetztes Verhalten. Das deutet auf zeitweise wirkende unterschiedliche Ursachen für die beiden Temperaturgänge hin, die wohl im Strömungs- bzw. Zirkulationsregime zu suchen sind.

Der untere Teil der Abbildung 18 enthält die Abweichungen der Juli–August-

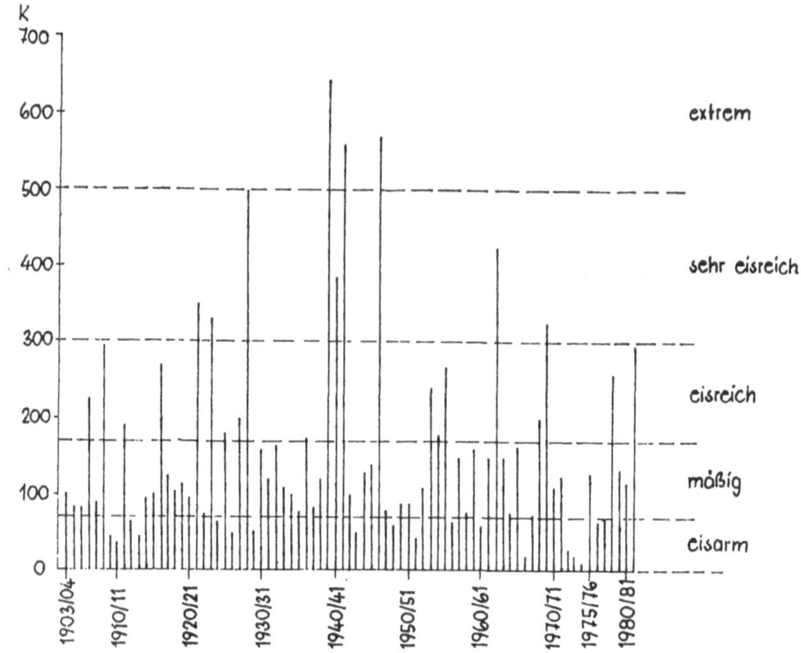

Abb. 17 Kältesummen (Summen der Beiträge der negativen Tagesmitteltemperaturen) der Winter in Warnemünde und Vereisung der westlichen Ostsee

Lufttemperaturmittel an der Station Schwerin vom Medianwert der dargestellten Reihe; bis etwa 1920 und dann wieder ab 1950 überwiegen negative, dazwischen positive Abweichungen dieser Hochsommer-Temperaturanomalien mit einem Höchstwert für das Jahr 1944.

Weitere Aufschlüsse über die zeitliche Struktur von Klimaänderungen im Gebiet der DDR vermittelt Abbildung 19 nach Kleber 1982, in der für Potsdam gleitende Zehnjahresabschnitte dargestellt sind, in denen im Sinne des Zeichentestes überzufällig häufig positive bzw. negative Abweichungen der Monatssummen bzw. -mittelwerte der Globalstrahlung, des Niederschlages und der Temperatur von ihren Medianwerten für den Zeitraum 1891—1979 aufgetreten sind (das betrifft für Irrtumswahrscheinlichkeiten von 20% bzw. 10% Zeitabschnitte mit mindestens 7 bzw. 8 gleichsinnigen Abweichungen in 10 Jahren). Deutlich sichtbar ist eine Häufung globalstrahlungsarmer Monate in den ersten und letzten Jahrzehnten des Untersuchungszeitraumes gegenüber einem gehäuften Auftreten globalstrahlungsreicher Monate besonders zwischen 1940 und 1960, während kalte Sommer- und Herbstmonate bis gegen 1930, warme in den 40er und 50er Jahren, kalte Maimonate in den 70er Jahren dominieren usw. Niederschlagsanomalien erscheinen weniger anhaltend ausgeprägt und sind insgesamt unsystematisch verteilt; trockene Julimonate häuften sich z. B. in der zweiten Hälfte der 60er und der ersten Hälfte der 70er Jahre.

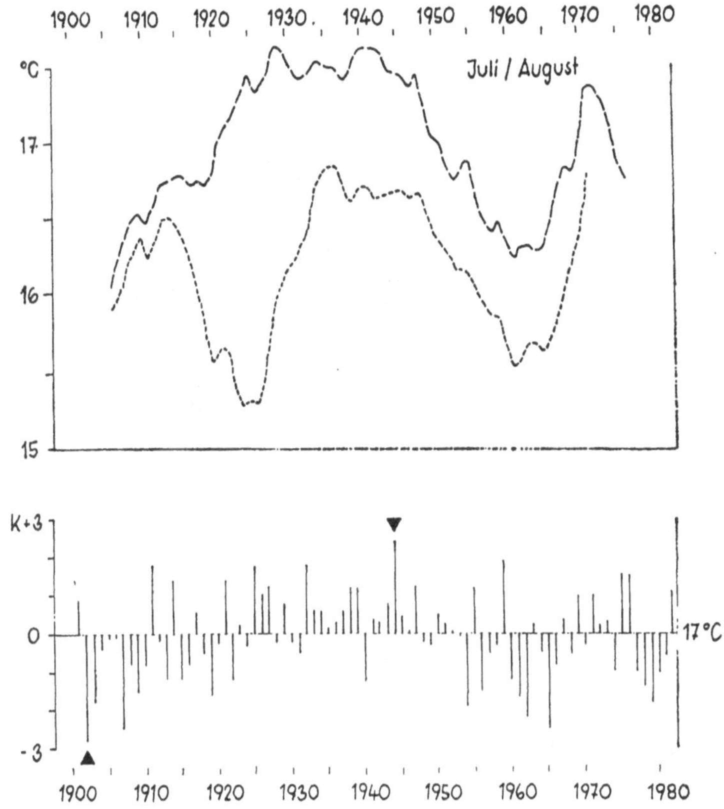

Abb. 18 Mittelwerte der Lufttemperatur in Schwerin (obere Kurve) und der Oberflächenwassertemperatur am Feuerschiff Gedser Rev (untere Kurve) für die Monate Juli/August, 10jährig übergreifend geglättet; im unteren Teil der Abbildung Abweichung der Lufttemperaturmittel für Juli/August in Schwerin vom Medianwert der Reihe 1901–1981

Zur Charakterisierung der Veränderungen des Strahlungsregimes als einer der wichtigsten Klimakomponenten sind in Abbildung 20 die langjährigen Gänge der Globalstrahlungs- und der (berechneten) Strahlungsbilanz-Jahreswerte für Potsdam (1895–1927) dargestellt. In beiden Fällen erkennt man einen mit starken Schwankungen behafteten Gang. Olberg 1979b konnte mittels der Maximum-Entropie-Spektralanalyse signifikante Perioden von etwa 4,8 und 78 Jahren (letztere eingezeichnet) nachweisen; periodische Anteile sind auch in den Bereichen 2,2 und 22 Jahren enthalten. Die erheblichen Schwankungen der Strahlung spiegeln sicher nicht oder höchstens zum geringsten Teil Schwankungen der solaren Energieabgabe wider, sondern vor allem Variationen im Bedeckungsgrad und eventuell der Lufttrübung im Zusammenhang mit korrespondierenden Schwankungen der atmosphärischen Zirku-

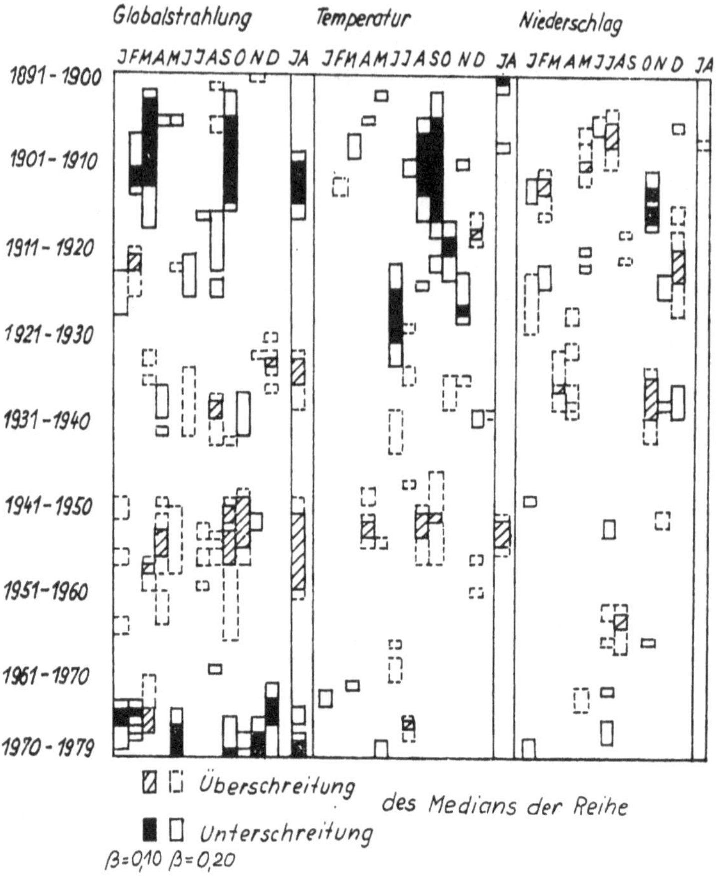

Abb. 19 Gleitende Zehnjahresabschnitte mit signifikant erhöhter Über- und Unterschreitungshäufigkeit der Medianwerte von Globalstrahlung, Temperatur und Niederschlag in Potsdam, Monate und Jahre 1891–1979, nach KLEBER 1982

lation. Die Kurve für die Strahlungsbilanz enthält die Effekte der Bewölkung, der Luftfeuchtigkeit und der Lufttemperatur.

Im Gegensatz zur Globalstrahlung zeigt der Niederschlag in Potsdam im Untersuchungszeitraum offenbar keine langperiodische Schwankung bzw. keinen systematischen Trend. Bei einer Untersuchung der monatlichen Niederschlagssummen von 14 Stationen beider deutscher Staaten fanden OLBERG und ROSENOW 1980 unter Anwendung einer gleitenden Maximum-Entropie-Spektralanalyse, daß die in der synthetischen Beobachtungsreihe hervortretenden annähernd 4–5- und 2,2jährigen Schwankungen im Laufe der Zeit mit Perioden zwischen 40 und 60 bzw. zwischen 18 und 36 Monaten unterschiedlich ausgeprägt und damit wesentliche Parameter der

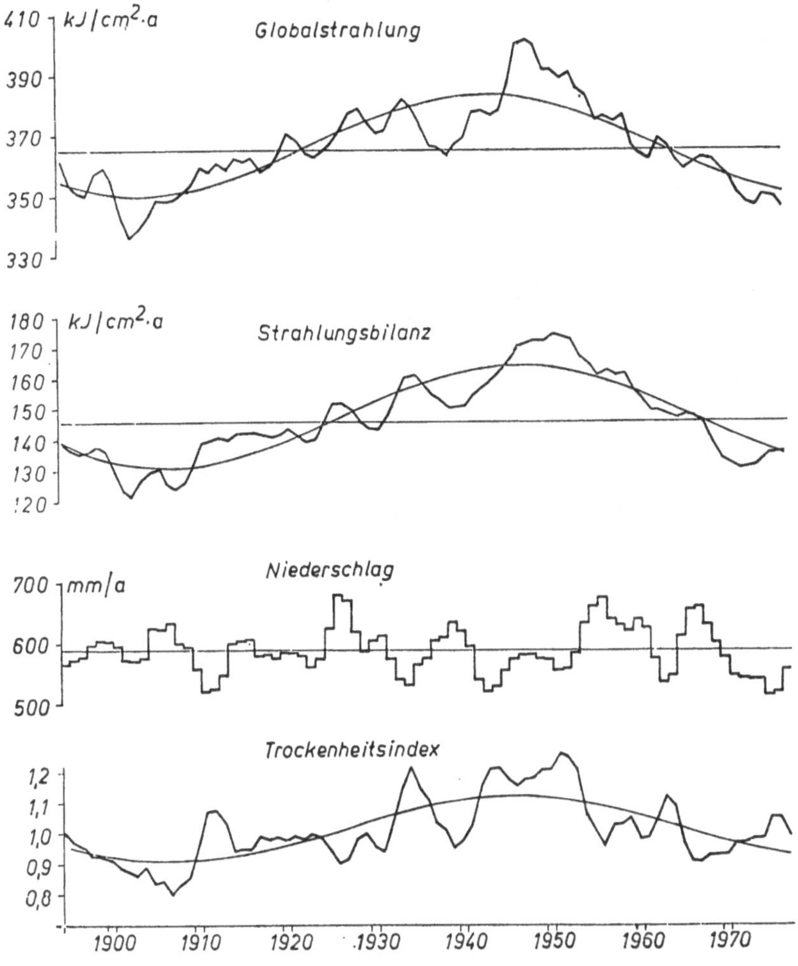

Abb. 20 5jährig übergreifend geglätteter Verlauf der Jahressummen der Globalstrahlung, der Strahlungsbilanz einer stets feuchten Fläche von Lufttemperatur, des Niederschlages und des Trockenheitsindex in Potsdam nach KORTÜM und OLBERG 1982

Klimaschwankungen selbst zeitlich variabel sind; ein ähnliches Bild bietet nach OLBERG 1983 die gleitende Maximum-Entropie-Spektralanalyse für die autoregressiv erweiterte Niederschlagsreihe von Potsdam. Die Schwankungen im Zeitverlauf des Trockenheitsindex nach Budyko sind im kurzperiodischen Bereich vor allem mit den Niederschlagsschwankungen, im langperiodischen Bereich mit den Schwankungen der Globalstrahlung bzw. der Strahlungsbilanz verknüpft.

Niederschlagsschwankungen im Einzugsgebiet wirken sich naturgemäß deutlich auf die Wasserführung der Flüsse aus. Auf Abbildung 21 sind die zehnjährig übergreifend gemittelten Anomalien der Jahresmittelwerte der Flußzufuhr zur Ostsee (approximiert durch die Summe der Wasserführung der Flüsse Newa, Wisła, Neman, Oder und Kemijoki) und des Niederschlages im Ostseegebiet (Stationen Kopenhagen, Stockholm, Uppsala, Turku und Helsinki) dargestellt, die Bezugsperiode ist wiederum 1901/70 bzw. 1901/75. Man erkennt eine ausgeprägte Schwankung der Flußzufuhr, die gut mit dem Verlauf der Niederschlagskurve korreliert ist (vgl. HUPFER et al. 1984). Wie bereits weiter oben hervorgehoben wurde, treten klimatische Schwankungen nicht nur in der Atmosphäre, sondern auch in der Hydrosphäre auf. So zeigten die Abbildungen 11 und 18 langjährige Gänge der Wassertemperatur aus verschiedenen Seegebieten, die eng mit den Klimaschwankungen in der Atmosphäre zusammenhängen. SMED et al. 1981 geben einen Überblick über die Variationen der Wassertemperatur, des Salzgehaltes und anderer Größen im Nordatlantik, die teilweise kombiniert auftreten und Rückschlüsse auf korrespondierende Änderungen der Lage von Wassermassen erlauben. Mit den Schwankungen der ozeanologischen Größen sind Variationen des Phyto- und Zooplankton sowie anderer biologischer Eigenschaften verbunden. Die Kovariationen der physikalischen Zustände und Prozesse

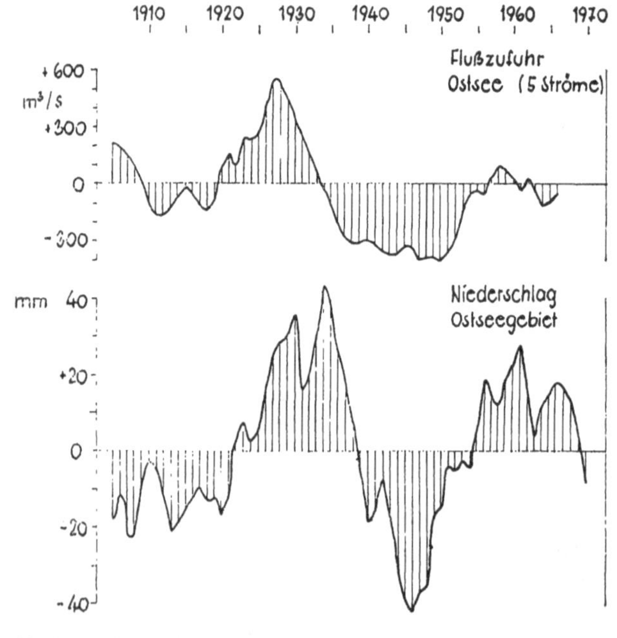

Abb. 21 10jährig übergreifend geglätteter Verlauf der Abweichungen der Jahressummen der Flußzufuhr und des Niederschlages im Ostseegebiet (jeweils 5 Flüsse bzw. Stationen) vom Mittelwert der Jahre 1901/70 bzw. 1901/75

in Atmosphäre und Ozean sind Ausdruck der Wechselwirkung zwischen diesen Medien (Hupfer 1985). Besonders ausgeprägte meeresklimatische Schwankungen weist in Abhängigkeit von korrespondierenden Änderungen der atmosphärischen Zirkulation die Ostsee als intrakontinentales Mittelmeer auf. So zeigt sich im ganzen Seegebiet der Ostsee seit Beginn dieses Jahrhunderts eine Tendenz zur Zunahme der Wassertemperatur und des Salzgehaltes (Hupfer 1975, Matthäus 1977, 1979). Dieser Anstieg vollzog sich regional unterschiedlich und unter Schwankungen. Er erfaßte sowohl die oberen als auch die unteren Schichten, wobei der Salzgehaltsanstieg in den tieferen Schichten viel ausgeprägter verlief als in den oberflächennahen Schichten. Im Bornholmbecken stieg in 80 m Tiefe die Wassertemperatur resultierend zwischen 1900 und 1970 um etwa 2,5 K.

Markante Schwankungen werden auch in den Übergangsgewässern zwischen Nord- und Ostsee angetroffen (siehe auch Hupfer 1962). In Abbildung 22 sind die zehnjährig übergreifenden Anomalien der Jahresmittelwerte des Salzgehaltes an der Oberfläche und in 15 m Tiefe im nördlichen Teil des dänischen Sundes am Feuerschiff Lappegrund dargestellt, bezogen auf die Mittelwerte 1901/70. Seit den 20er Jahren wird eine Zunahme der Salzgehaltswerte beobachtet, die besonders eindrucksvoll in der tieferen Schicht ablief. Die Ursache dürfte in Änderungen der atmosphärischen Zirkulation zu suchen sein, die häufiger als vorher Wassermassen höheren Salzgehaltes in die westeuropäischen Schelfmeere transportierte. Der Salzgehaltsgang in den Oberflächenschichten hängt stärker vom Wasserhaushalt der Ostsee und seinen Schwankungen ab (etwa inverser Gang zur Flußzufuhr, vgl. Abb. 21).

Die Abbildung 22 zeigt schließlich noch die geglätteten Anomalien der Jahresmittel des Wasserstandes von Warnemünde. Es fällt auf, daß der generelle Wasserstandsanstieg seit etwa 1940 verstärkt ist (von vorher etwa 0,04 cm/Jahr auf etwa 0,17 cm/Jahr im Mittel). Das steht in Übereinstimmung mit den oben erwähnten Befunden über die langjährigen Schwankungen der Eisvorräte der Arktis und der Antarktis. Es kann angenommen werden, daß der geringere Anstieg des Wasserstandes bis etwa 1940 durch Schmelzen infolge der globalen Erwärmung verursacht wurde. Der stärkere Anstieg danach könnte durch häufigeres Übertreten von Eis in das Meer (Eisbergbildung) und nachfolgendes Schmelzen hervorgerufen sein. Allerdings führt auch bereits die Volumenzunahme des Meerwassers infolge Erwärmung zu einem globalen Ansteigen des Meeresspiegels, nach Gornitz et al. 1982 um etwa 8 cm pro 1 K Erhöhung der Meeresoberflächentemperatur, wenn Erwärmung und thermische Ausdehnung des Meerwassers auf die oberflächennahe Deckschicht beschränkt bleiben

Die vorstehenden Ausführungen lehren, daß es sich bei den beobachteten Klimavariationen der letzten 100 Jahre um sehr komplexe Erscheinungen handelt, die gegenwärtig diagnostisch noch nicht hinreichend erfaßt sind. Das betrifft auch die Auswirkungen von anhaltenden Witterungsanomalien und Klimafluktuationen auf die Volkswirtschaft. Die in den letzten Jahren erzielten Kenntnisse über die relative Instabilität des Erdklimas erfordern die Aufmerksamkeit nicht nur der Geowissenschaftler.

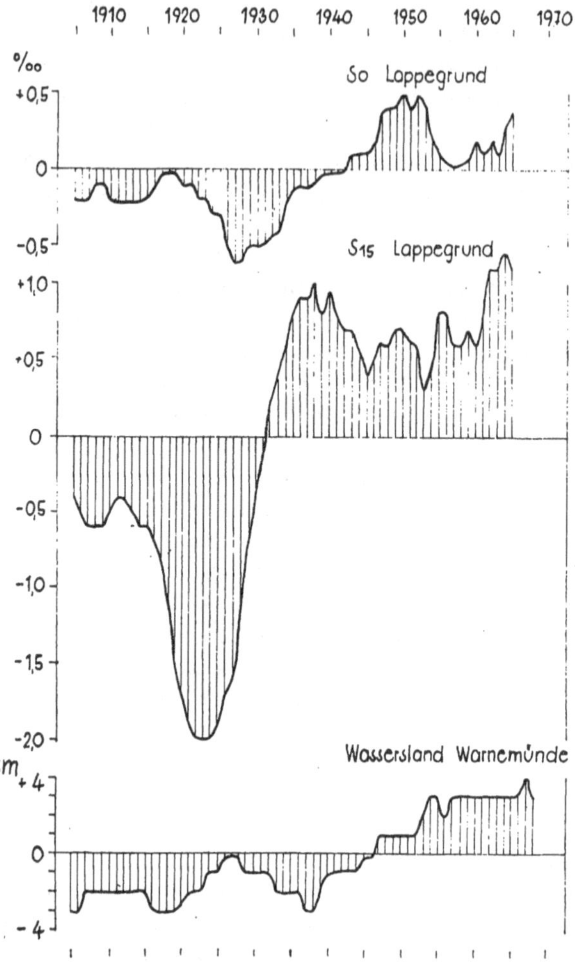

Abb. 22 10jährig übergreifend geglätteter Verlauf der Abweichungen der Jahresmittelwerte des Salzgehaltes an der Meeresoberfläche und in 15 m Tiefe am Feuerschiff Lappegrund (Nordteil des Sundes) sowie des Wasserstandes in Warnemünde vom Mittelwert der Jahre 1901/70 bzw. 1901/75

3. Ausblick auf die künftige Klimaentwicklung

3.1. Klima und Gesellschaft

Das Auftreten vielfältiger und komplexer Klimavariationen, die wir obenstehend für den durch instrumentelle Beobachtungen belegten Zeitraum der letzten Jahrzehnte in Mitteleuropa und den angrenzenden Seegebieten an Hand verschiedener Parameter umrissen haben, wirft die Frage nach der künftigen Klimaentwicklung auf. Die gesellschaftliche Relevanz des Klimaproblems liegt in der Rolle der Atmosphäre als Einfluß- und Störfaktor und zugleich als Sitz bzw. Überträger wichtiger Ressourcen begründet (z.B. BERNHARDT 1981, in bezug auf die Wasserressourcen speziell DYCK 1981).

Wie die Erfahrungen der letzten Jahre zeigen, belaufen sich auch in hochentwickelten Industrieländern bereits die ökonomischen Auswirkungen innerjährlicher Witterungsschwankungen und -anomalien auf Milliarden von Dollar oder vergleichbaren Währungseinheiten. Umso tiefergreifender wären die Konsequenzen systematischer und langwährender Veränderungen unseres Klimaregimes, die nicht nur mit Verschiebungen in den (derzeit aus sog. klimatologischen „Normalperioden" abgeleiteten) Mittelwerten von Temperatur, Niederschlag, Verdunstung, Sonnenscheindauer und anderen Elementen, sondern mehr noch mit Änderungen von Häufigkeit und Andauer extremer Witterungsereignisse (Trockenperioden, Starkniederschläge, Hitze- oder Kälteperioden, Sturmfluten, Spät- oder Frühfröste, austauscharme Wetterlagen mit Stagnationsepisoden in lufthygienisch stark belasteten Gebieten u.a.) verbunden sein könnten.

Die Adaption gesellschaftlicher Systeme an veränderte Klimabedingungen ist sehr aufwendig. Der wissenschaftlich-technische Fortschritt führt nämlich keinesfalls durchweg zu einer Verminderung der Abhängigkeit des gesellschaftlichen Reproduktionsprozesses von den Naturbedingungen, sondern er verleiht dieser neue Qualitäten und zum Teil sogar erweiterte Dimension. Erinnert sei nur an die Auswirkungen von Bevölkerungswachstum und -konzentration sowie an die verstärkte Inanspruchnahme zahlreicher Naturressourcen – in unserem Zusammenhang z. B. des Wasserdargebotes, der Bodenfruchtbarkeit oder des Dilutionspotentials der Atmosphäre, d.h. ihrer Fähigkeit zum Abbau der Konzentration eingebrachter Schadstoffe und zur Abfuhr von Abwärme.

Konzentration und Spezialisierung der Produktionsprozesse bedingen in vielen Fällen eine erhöhte Anfälligkeit gegenüber Wetterereignissen und Witterungsanomalien – angesichts der weltwirtschaftlichen Verflechtung unter Umständen mit Auswirkungen noch in geographisch weit entfernten Gebieten.

Das Klimaproblem steht daher, wie Abbildung 23 veranschaulichen soll, in Wechselbeziehung zu anderen als global apostrophierten Problemen (z.B. ZAGLADIN und FROLOV 1981) im Verhältnis von Natur und Gesellschaft (vgl. auch BERNHARDT und LAUTER 1977, BERNHARDT 1981 u.a.). Der Zusammenhang ist – außer im Falle des Gesundheitsproblems als des Problems der Bekämpfung der gefährlichsten und meist-

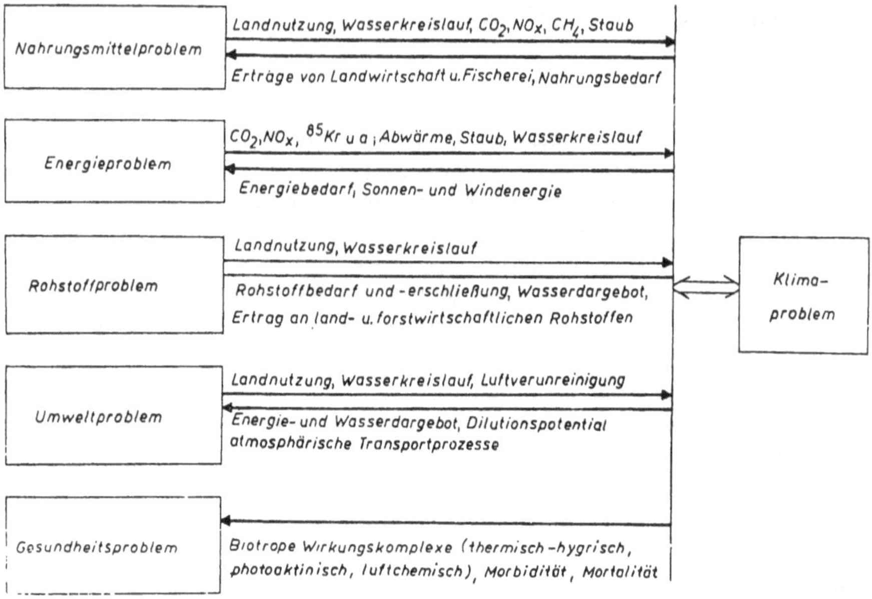

Abb. 23 Zusammenhang des Klimaproblems mit globalen Problemen im Verhältnis von Natur und Gesellschaft

verbreiteten Krankheiten — zweiseitig: Einesteils beeinflussen Veränderungen des Klimaregimes Bedarf, Verfügbarkeit und Erschließungsaufwand natürlicher Ressourcen, andererseits können gesellschaftliche Aktivitäten zur Lösung der genannten Probleme klimatische Veränderungen im lokalen, regionalen und evtl. im globalen Maßstab nach sich ziehen.

Klimaaspekte tangieren auch das vorrangigste aller globalen Probleme, ohne dessen dauerhafte Bewältigung die Lösung sämtlicher anderer globaler Probleme unmöglich bzw. sinnlos ist — die Sicherung des Friedens und dabei insbesondere die Verhütung eines Kernwaffenkrieges. Gestützt auf in jüngster Zeit veröffentlichte Untersuchungen heißt es dazu in der Stellungnahme des Vorstandes der Meteorologischen Gesellschaft der DDR vom November 1983:

> „Die Erfahrungen haben gezeigt, daß selbst einzelne Kernwaffentestexplosionen durch den weltweiten radioaktiven Fallout und unter bestimmten Bedingungen auch durch ihre Einwirkung auf die Hochatmosphäre globale geophysikalische Auswirkungen nach sich ziehen. Ein massierter Kernwaffeneinsatz würde, z. B. durch eine teilweise Zerstörung der stratosphärischen Ozonschicht und eine erhebliche Trübung der Atmosphäre, neben den verheerenden Folgen im unmittelbaren Explosionsgebiet auch zu weitreichenden Auswirkungen auf die Atmosphäre und das Klima führen, die angesichts der bekannten Sensitivität des klimatischen Systems langdauernd und schwerwiegend

sein können. Überlebende eines Kernwaffenkrieges sähen sich einer total veränderten Umwelt mit weitgehend zerstörten natürlichen Ressourcen gegenüber.“ (Z. Meteor. 34 (1984), Heft 2)

Auch in bezug auf ihre Auswirkungen auf die Atmosphäre wäre eine thermonukleare Auseinandersetzung im wahrsten Sinne des Wortes ein „Welt“krieg mit — im Gegensatz zu allen bisherigen Kriegen — globalen ökologischen Konsequenzen.

Einflüsse des gesellschaftlichen Reproduktionsprozesses auf atmosphärische Vorgänge und damit auf das Klima sind im Prinzip durch anthropogene Veränderungen der Erdoberfläche (wie Rodung, Bebauung, Bewässerung u.a.), durch Eingriffe in den Energie- und in den Stoffhaushalt (Wärmeabgabe im Zusammenhang mit Energieerzeugung und -anwendung bzw. Gas- und Partikelemission) möglich (z.B. Bernhardt und Kortüm 1976).

Die meisten dieser anthropogenen Effekte sind nur lokal oder regional wirksam und betreffen hauptsächlich die troposphärische Grundschicht als den unmittelbaren atmosphärischen Lebensraum der menschlichen Gesellschaft. Als Beispiel sei auf das Stadtklima verwiesen, das als Modellfall eines durch komplexe gesellschaftliche Aktivitäten modifizierten Lokalklimas von prinzipieller theoretischer, angesichts der weltweiten Urbanisierung von zunehmender praktischer Bedeutung ist; da zahlreiche meteorologische Stationen — vor allem solche mit langen Beobachtungsreihen — in der Nähe sich ausdehnender Siedlungen gelegen sind, erweist sich die Kenntnis stadtklimatischer Effekte darüberhinaus für die Beurteilung solcher Meßreihen in Hinblick auf eventuelle großklimatische Veränderungen als unumgänglich, da dies die Elimination lokalklimatischer Trends voraussetzt.

Auswirkungen auf das globale Klima sind am ehesten von der weltweiten Zunahme des CO_2-Gehaltes der Atmosphäre von etwa 260–280 ppm (V) um die Mitte des vergangenen Jahrhunderts auf gegenwärtig etwa 340 ppm (V) zu erwarten, die zum größten Teil der Verbrennung fossilen Kohlenstoffes (in Form von Kohle, Erdöl und Erdgas), zu einem kleineren Teil der Umgestaltung der Biosphäre — besonders der Rodung der Wälder — zugeschrieben wird, wobei aber wahrscheinlich weniger als die Hälfte (nach verschiedenen Schätzungen 30–60%) des freigesetzten CO_2 in der Lufthülle, der Rest in den Ozeanen gespeichert wurde.

Aus der wachsenden Konzentration des CO_2 mit seiner kräftigen Absorptionsbande im Wellenlängenbereich um 15 μm resultiert ein zunehmendes Absorptions- und Emissionsvermögen der Atmosphäre in diesem für die irdisch-atmosphärische Temperaturstrahlung wichtigen Spektralintervall und damit Temperaturabnahme in der Stratosphäre bei Temperaturzunahme in der Troposphäre und besonders am Erdboden. Zahlreiche in der stark anschwellenden Literatur zu dieser Frage veröffentlichte Berechnungen mittels unterschiedlichster Modelle — von „null“dimensionalen Strahlungsbilanz- bis zu hochgezüchteten dreidimensionalen Zirkulationsmodellen — sowie auch Abschätzungen auf Grund empirischer Daten ergeben für eine Verdopplung des CO_2-Gehaltes der Atmosphäre einen mittleren Temperaturanstieg an der Erdoberfläche zwischen etwa 1,5 und 6 K, wobei die Modellrechnungen der letzten Jahre zumeist Werte um 2 bis 3 K liefern (neuere Zusammenstellungen z.B. bei

KELLOG und BOJKOV 1982, CLARK 1982, NAS 1982, BUDYKO et al. 1983, VOLZ 1983 u.a.), einzelne Autoren aber nach wie vor vehement Außenseiterstandpunkte vertreten und sehr viel kleinere Temperatureffekte angeben (z.B. IDSO 1984). Der größere Teil dieser Temperaturzunahme ist der Existenz von selbstverstärkend wirkenden positiven Rückkopplungsmechanismen im klimatischen System geschuldet, und zwar dem mit steigender Temperatur anwachsenden atmosphärischen Wasserdampfgehalt (Wasserdampf trägt gemeinsam mit CO_2 zum „Glashauseffekt" bei) sowie dem erwärmungsbedingten Rückgang der kontinentalen Schnee- und der Meereisbedeckung. Letzterer führt zur Verminderung der planetaren Albedo und damit über die Erhöhung des an der Erdoberfläche absorbierten Anteils der Sonnenstrahlung zu weiterer Erwärmung.

Ein CO_2-bedingter Temperaturanstieg wäre nach entsprechenden Modellrechnungen ungleichmäßig über die Erdoberfläche verteilt und in hohen geographischen Breiten am stärksten ausgeprägt. Damit wäre eine Verlagerung der atmosphärischen Zirkulationssysteme und Klimagürtel verbunden. Dies sowie ein späterer Anstieg des Meeresspiegels um 5 bis 7 m bei einem eventuellen Abschmelzen des westantarktischen Eisschildes machen die Tragweite einer solchen möglichen Klimaänderung deutlich.

Einen erheblichen Unsicherheitsfaktor für Berechnungen einer CO_2-induzierten Temperaturzunahme bringt allerdings die hochgradige Empfindlichkeit der planetaren Strahlungsbilanz gegenüber Änderungen der Wasserdampfverteilung in der Atmosphäre, des Aerosolgehaltes und der Aerosolzusammensetzung in Abhängigkeit von den optischen Eigenschaften der Unterlage und besonders gegenüber Änderungen des Bedeckungsgrades sowie der Höhenlage der Wolkenunter- und -obergrenzen mit sich. Alle diese Parameter aber werden ihrerseits in schwer überschaubarer Weise von Veränderungen der horizontalen und vertikalen Temperaturverteilung in der Atmosphäre sowie von Änderungen des Zirkulationsregiemes beeinflußt.

Verstärkt wird andererseits die Zunahme des CO_2-bedingten Glashauseffektes durch weitere Spurengase, wie $CFCl_3$, CF_2Cl_2 (Freon 11 bzw. 12), N_2O, CH_4 und troposphärisches O_3, deren Konzentration in der Atmosphäre auf Grund unterschiedlicher gesellschaftlicher Aktivitäten ebenfalls mehr oder minder rasch ansteigt.

Trotzdem ist die Prognose einer anthropogen bedingten weiteren globalen Erwärmung derzeit nicht mit Sicherheit zu stellen. Bereits die Darlegungen in Abschnitt 2.2.1, insbesondere Abbildung 10, zeigen, daß der monotonen CO_2-Zunahme keineswegs ein gleichförmiger Temperaturanstieg seit Anfang des Jahrhunderts entspricht, was auf die Rolle weiterer gewichtiger Faktoren für die globale Temperaturentwicklung im Zeitbereich von Jahren und Jahrzehnten hinweist (vgl. Abschnitt 3.2). Daher kann die markante Zunahme der Mitteltemperatur an den Landstationen der Nordhalbkugel in der ersten Hälfte unseres Jahrhunderts nicht zweifelsfrei dem CO_2-Anstieg zugeschrieben werden, ganz abgesehen davon, daß die Standardabweichung der genannten nordhemisphärischen Jahresmitteltemperaturen in den von verschiedenen Autoren zusammengestellten Reihen 0,2–0,3 K beträgt. Die Mehrzahl der Klimatologen vertritt daher die Auffassung, daß das Temperatur-„Signal" der CO_2-Zunahme in den empirischen Klimadaten angesichts des Rauschpegels der Temperaturreihen noch nicht mit ausreichender Sicherheit nachweisbar ist (zu dieser Problematik VINNIKOV und GROJSMAN 1981, 1982, WIGLEY und JONES 1981, KELLOG und BOJKOV 1982, MAC CRACKEN und MOSES 1982, SCHÖNWIESE 1983 sowie BUDYKO und VINNIKOV 1983).

Zur Abschätzung des weiteren Anstieges des CO_2-Gehaltes der Atmosphäre ist neben einer Prognose der künftigen Emission infolge Verbrennung fossilen Kohlenstoffes eine umfassende Kenntnis des äußerst komplizierten biogeochemischen Kohlenstoffzyklus von erstrangiger Bedeutung.

Tabelle 3 enthält eine integrale Übersicht über die wichtigsten Kohlenstoffspeicher und -flüsse im System Atmosphäre — Ozean — Biosphäre nach CLARK 1982.

Tabelle 3 Globale Kohlenstoffvorräte und -flüsse

Atmosphäre			$720 \cdot 10^{12}$ kg
Ozean			$38400 \cdot 10^{12}$ kg
darunter:	anorganischer Kohlenstoff, Deckschicht		$670 \cdot 10^{12}$ kg
	anorganischer Kohlenstoff, Tiefenwasser		$36730 \cdot 10^{12}$ kg
	organischer Kohlenstoff	etwa	$1000 \cdot 10^{12}$ kg
Terrestrische Biosphäre			$1760 \cdot 10^{12}$ kg
darunter:	lebende Substanz		$560 \cdot 10^{12}$ kg
	tote Substanz		$1200 \cdot 10^{12}$ kg
Fossile Brennstoffvorräte			$4130 \cdot 10^{12}$ kg
darunter:	Kohle		$3510 \cdot 10^{12}$ kg
	Erdöl		$230 \cdot 10^{12}$ kg
	Erdgas		$140 \cdot 10^{12}$ kg
	sonstige		$250 \cdot 10^{12}$ kg
Verbrennung fossiler Brennstoffe			$5 \cdot 10^{12}$ kg/a
Austausch Atmosphäre/terrestrische Biosphäre		etwa	$120 \cdot 10^{12}$ kg/a
Austausch Atmosphäre/Ozean		etwa	$100 \cdot 10^{12}$ kg/a

Derzeit sind weder die Reaktion der Biosphäre auf ein verändertes CO_2-Angebot und modifizierte Klimabedingungen, noch die Austauschvorgänge zwischen ozeanischer Deckschicht und Tiefenwasser in Abhängigkeit von der ozeanisch-atmosphärischen Zirkulation und von den mit dieser sowie mit der Meereisbedeckung variablen Schichtungsverhältnissen hinreichend bekannt. In bezug auf den Ozean, der gegenüber der Atmosphäre als CO_2-Quelle in niederen und als -Senke in hohen geographischen Breiten wirkt, wurde in den letzten Jahren z.B. die Bedeutung der Frühjahrs-Algenblüte im NW-Atlantik sowie des Wechsels von Kaltwasserauftriebs- und Warmwasser (El Niño)-Bedingungen im äquatorialen Pazifik für den CO_2-Austausch zwischen Ozean und Atmosphäre entdeckt und unter teilweise konträren Annahmen diskutiert (z.B. FLOHN 1982, IOC-SCOR/CCCO 1983).

Wenn die Analyse von Lufteinschlüssen in Eisbohrkernen für das letzte (Weichsel-) Glazial und dessen Abbauphase sowie das Holozän erhebliche, z.T. auch kurzzeitige (Zeitmaßstab einige 10^2 a) Schwankungen des CO_2-Gehaltes ergeben hat, die synchron zu Temperaturschwankungen nach $\delta^{18}O$-Analysen (vgl. Abschnitt 1.2) verlaufen, kann auch aus diesen Befunden nicht ohne weiteres auf einen einfachen Kausalzusammenhang „CO_2-Zunahme → Klimaerwärmung" geschlossen werden. Die oben skizzierten und weitere Wechselwirkungsmechnismen zwischen Komponenten des globalen CO_2-Kreislaufs und des klimatischen Systems lassen auch Veränderungen des CO_2-Gehaltes der Atmosphäre parallel zu bzw. im Gefolge von Lufttemperaturveränderungen als möglich erscheinen.

Mit diesen Bemerkungen sollen keineswegs Warnungen namhafter Klimatologen vor einer fortschreitenden Erwärmung mit, wie weiter oben angedeutet, einschneidenden globalen Auswirkungen bereits im nächsten Jahrhundert bagatellisiert werden. Es kam uns vielmehr darauf an, die ganze Komplexität des CO_2-Problems zu umreißen und damit gleichzeitig die gesellschaftliche Relevanz weiterer intensiver Forschung auf diesem Gebiet zu unterstreichen, die eine weltweite internationale Zusammenarbeit erfordert. Zuverlässigere prognostische Aussagen, als gegenwärtig möglich, sind notwendig, um rechtzeitig Strategien zur Anpassung gesellschaftlicher Systeme an vielleicht drastisch veränderte klimatische Bedingungen entwickeln oder wissenschaftlich begründete, international abgestimmte Gegenmaßnahmen gegen eine evtl. anthropogen bedingte Änderung des globalen Klimas einleiten zu können.

3.2. Möglichkeiten der Klimavorhersage

Die Klimavorhersage – zunächst im für die heutige Gesellschaft relevanten Zeitbereich von Jahren und Jahrzehnten – stellt zweifellos ein noch ungelöstes wissenschaftliches Fundamentalproblem dar.

Wie Zeitreihenanalysen langjähriger Beobachtungsdaten zeigen, verbietet sich eine einfache Trendextrapolation für Vorhersagezwecke. Auch die für die Aufklärung der Struktur des klimatischen Systems hilfreiche Suche nach Periodizitäten – etwa mit konventionellen oder modernen (Maximum-Entropie-Spektralanalyse) Verfahren der Spektralschätzung – leistet für die unmittelbare Vorhersage wenig, da selbst statistisch signifikante Schwingungen nur einen geringen Anteil der Gesamtvarianz in den Beobachtungsreihen ausschöpfen und die meisten klimatologischen Zeitreihen ein instationäres Verhalten an den Tag legen, wie Ergebnisse der gleitenden Maximum-Entropie-Spektralschätzung verdeutlichen (z.B. Olberg 1979a, 1982). Aus diesem Grunde versprechen autoregressive Extrapolationsverfahren für solche Zeitreihen nur in sehr eingeschränktem Maße und höchstens für wenige Zeitschritte brauchbare Vorhersageergebnisse.

Mit dem Ziel einer langfristigen Wetter- und Klimavorhersage werden derzeit neben den rein statistischen Ansätzen physikalisch-statistische sowie hydrodynamisch-statistische Modelle und schließlich Verfahren entwickelt und erprobt, die auf der Langzeitintegration der thermohydrodynamischen Bewegungsgleichungen zur Simulation der allgemeinen Zirkulation der Atmosphäre bzw. – weitgehend noch Aufgabe für die Zukunft – der simultan behandelten Zirkulation der Atmosphäre und des Ozeans beruhen (z.B. Marčuk et al. 1984).

Grundsätzlich ist davon auszugehen, daß die mechanisch-deterministische Vorhersagbarkeit atmosphärischer Zustände im Sinne der numerischen Wettervorhersage nach spätestens einem Monat endet und daher auch hochleistungsfähige globale Zirkulationsmodelle für gegebene Anfangs- und mittlere „klimatologische" Randbedingungen höchstens noch monatliche Witterungsvorhersagen liefern könnten. Für längere Integrationszeiträume entspricht das Verhalten der Atmosphäre als eines hydrodynamischen Systems mit sehr vielen Freiheitsgraden einem deterministischen Chaos, dessen statistische Charakteristika von den zeitlich variablen Randbedingungen abhängen, worunter physikalische Parameter an der Unter- und Obergrenze sowie auch im Inneren der Atmosphäre selbst zu verstehen sind (Zustand der Erdoberfläche als Impuls-, Energie- und Stoffumsatzfläche, Energieeinspeisung durch solare Wellen- und evtl. Korpuskelstrahlung, Gas- und Partikelkonstitution der Atmosphäre). (Der „Gedächtnisverlust" der Atmosphäre gegenüber den Anfangsbedingungen vollzieht sich für kleinräumige Bewegungsvorgänge rascher als für großräumige, so daß mit ersteren verbundene kleinräumige, aber häufig sehr wirksame Wettererscheinungen im Detail nur kurzfristig vorhersagbar sind und Langfristprognosen grundsätzlich nur noch für den Witterungscharakter, nicht mehr für das einzelne Wetterereignis möglich sind; andererseits existieren Hinweise für eine längere Vorhersagbarkeit in tropischen als in höheren geographischen Breiten.)

Diese zeitlich veränderlichen Randbedingungen stellen die eigentlichen Antriebsmechanismen für Klimavariationen dar; Abb. 24 enthält in einer schematischen Dar-

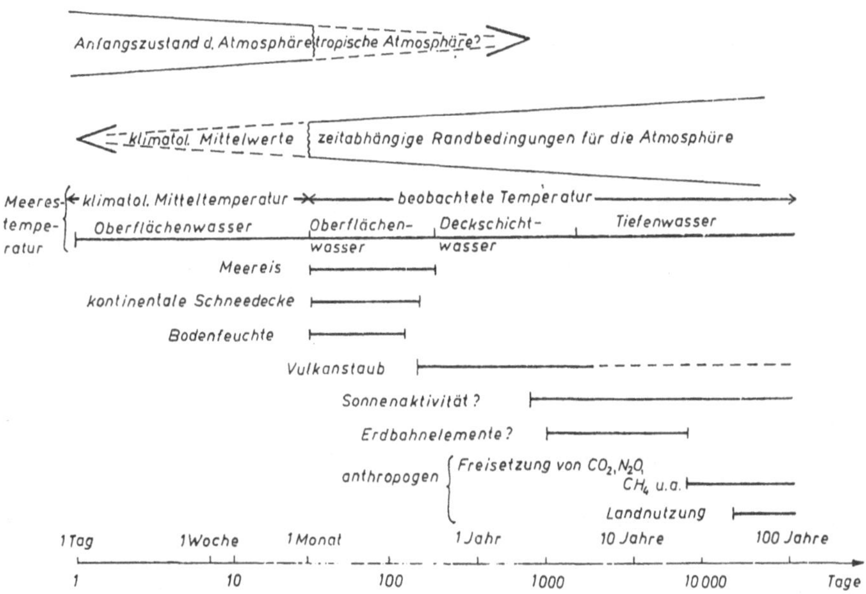

Abb. 24 Rolle der Anfangs- und Randbedingungen sowie relevante Einflußfaktoren für Veränderungen atmosphärischer Zustände im Zeitbereich bis zu Jahrzehnten

stellung der Relevanz von Anfangs- und Randbedingungen eine Übersicht über die nach gegenwärtiger Kenntnis wichtigsten Antriebe für Klimavariationen im Zeitbereich bis zu 100 Jahren. Danach wird der Witterungscharakter im globalen Maßstab auf Monate und Jahreszeiten hinaus von der gegebenen Verteilung der Meeresoberflächentemperatur (besonders in den sog. energetisch aktiven Zonen), von der Meereisbedeckung, von Ausdehnung und Mächtigkeit der Schneedecke, aber auch von den Bodenfeuchtevorräten auf den Festlandsgebieten der Erde bestimmt. Für die Zustände des klimatischen Systems im Verlaufe ein- und mehrjähriger Zeiträume ist auf jeden Fall der anfängliche Wärmevorrat von Meeresschichten maßgebend, deren Mächtigkeit mit zunehmender Länge des Bezugszeitraumes anwächst und schließlich auch das ozeanische Tiefenwasser einschließt. Die mehrjährigen Autooszillationen im oberflächennahen Temperaturregime des tropischen Pazifik und in dem mit diesem welchselseitig gekoppelten Luftdruckfeld — als El Niño-Phänomen bzw. Southern Oscillation im Verlaufe der letzten Jahre ausführlich untersucht und weithin bekannt geworden — scheinen weltweite Auswirkungen auf die Zirkulation der Atmosphäre zu haben und ein- oder sogar mehrjährige Abfolgen von charakteristischen Witterungsanomalien in weiten Teilen der Erde nach sich zu ziehen.

Der Einfluß der Vulkantätigkeit im klimatischen System erstreckt sich offenbar über einen sehr weiten Zeitbereich (vgl. auch Abb. 2). Dabei können Langzeiteffekte im Zusammenhang mit erhöhter CO_2-Zufuhr an die Atmosphäre in geologischen Epochen verstärkter Vulkantätigkeit und die Verminderung der solaren Strahlungsflußdichte an der Erdoberfläche infolge der Aerosolanreicherung in der Stratosphäre mit mehrjähriger Verweilzeit der Partikel entgegengesetzte Auswirkungen auf das Temperaturregime in der unteren Atmosphäre haben (Budyko 1984). Für den in unserem Zusammenhang behandelten Zeitbereich dürfte die wechselnde stratosphärische Vulkanstaubtrübung den wichtigsten externen (d.h. nicht dem System Ozean-Atmosphäre inhärenten) Antrieb für hemisphärische oder sogar globale Klimafluktuationen von mehrjähriger Zeitskala sein, wie die weltweit nachweisbaren Effekte der Ausbrüche von Krakatoa (1883), Katmai (1912) und Agung (1963) auf das bodennahe Strahlungs- und Temperaturregime zeigen. In jüngster Vergangenheit führte die Eruption des El Chicon im April 1982 mit einer Emission von mehreren 10^7 t SO_2 zur vermutlich bisher stärksten Akkumulation stratosphärischen Aerosols in unserem Jahrhundert; jedoch sind die weltweiten klimatischen Auswirkungen schwer von denen des El Niño-Phänomens der Jahre 1982/83 zu trennen, das seinerseits als bisher intensivstes des Jahrhunderts gilt.

Was schließlich Änderungen der solaren Strahlungsflußdichte anlangt, so lassen Satellitenmessungen (z.B. Smith et al. 1983) tatsächlich Variationen in einem weiten Zeitbereich erkennen, die im Zusammenhang mit der Sonnenaktivität und daher quasiperiodisch mit der Sonnenrotation (d.h. mit der Wanderung der solaren Aktivitätszentren über die von der Erde sichtbare Sonnenscheibe) bis ca. 0,1 % der Solarkonstanten (die etwa 1370 W/m^2 beträgt) ausmachen. Schwankungen der gleichen Größe von höchstens einigen 0,1 % sind damit im Sonnenfleckenzyklus zu erwarten; Ballonmessungen in der Stratosphäre während der Jahre 1962—1967 hatten wesentlich größere Variationen der solaren Strahlungsflußdichte ergeben, die jedoch später als Folge erhöhter NO_2-Konzentrationen in der mittleren und oberen Stratosphäre im Anschluß an Kernwaffentests (mit einer Reduktion der gemessenen Strahlungsflußdichten um etwa 2,5%, bei einzelnen Aufstiegen bis zu 6–8%!) erkannt wurden (KONDRAT'EV und NIKOL'SKIJ 1978, 1984).

Wenn auch Anhaltspunkte für noch längerfristige Änderungen der solaren Energieabgabe – allerdings nur der Größenordnung 0,01 %/Jahr – bestehen, bleibt doch ein merklicher unmittelbarer Einfluß all dieser Schwankungen auf das globale Klima zweifelhaft, da positive Rückkoppelungen, wie sie in längeren Zeitmaßstäben besonders über die polaren Schnee- und Eiskappen wirksam sind, auf Schwankungen der solaren Strahlungsenergiezufuhr im Verlaufe weniger Jahre kaum ansprechen dürften und die thermische Trägheit des Ozeans in Rechnung zu stellen ist.

Zusätzliche Variationen der jahreszeitlich veränderlichen extraterrestrischen Bestrahlungsstärke mit Beträgen um 0,01–0,02% bis maximal 0,1% und Perioden bis zu 2 Jahrzehnten werden durch kurzperiodische Schwankungen der Erdbahnelemente infolge des Einflusses des Mondes und der Planeten verursacht (BORISENKOV 1983).

Die im Vergleich zur wenig veränderlichen gesamten solaren Energieabgabe beträchtlicheren Variationen der Strahlungsflußdichte im UV-, extremen UV- und Röntgenspektralbereich machen die Konstitution der Meso- und vor allem der Thermosphäre unmittelbar von der Sonnenaktivität abhängig; ihr Durchgriff in die untere Atmosphäre stellt ein umfassend untersuchtes, aber noch immer kontrovers diskutiertes Grundproblem der solarterrestrischen Beziehungen dar, in dessen Zusammenhang auch Auswirkungen der solaren und galaktischen Partikelbestrahlung sowie der Sektorstruktur des interplanetaren Magnetfeldes zu beachten sind. In unserem Kontext sei auf die Übersichtsdarstellung bei PITTOCK 1983 verwiesen. Vermutete Zusammenhänge zwischen langzeitigen Zyklen der Sonnenaktivität und Klima (z.B. EDDY 1977), darunter das annähernde Zusammenfallen der „kleinen Eiszeit" (vgl. Abschnitt 2.1.) mit dem Maunder-Minimum der Sonnenaktivität, aber auch die Beziehungen zwischen Sonnenfleckenrelativzahlen im Herbst und den nachfolgenden Dezember- und Januartemperaturen in Mittel- und Westeuropa (LAUTER 1979) verdienen weitere Untersuchung und vor allem eine Suche nach den physikalischen Koppelungsmechanismen, unter denen Einflüsse der Sonnenaktivität auf die Photochemie des stratosphärischen Ozons und damit auf Temperatur- und Zirkulationsverhältnisse der mittleren und oberen Stratosphäre favorisiert sind.

Es fehlt nicht an Versuchen, den globalen oder nordhemisphärischen Temperaturverlauf des letzten Jahrhunderts auf der Grundlage einiger der in Abbildung 24 zusammengestellten Einflußfaktoren – speziell der Sonnenaktivität, des atmosphärischen Aerosol- und des CO_2-Gehaltes – zu modellieren (z.B. GILLILAND 1982, HANSEN et al. 1981, VINNIKOV und GROJSMAN 1981, DETHLOFF und PETERS 1982). Obgleich es den genannten Autoren gelang, jeweils einen erheblichen Teil der beobachteten Temperaturvariationen durch ihre Modellrechnungen zu simulieren, sind solche retrospektiven Erklärungen, erst recht aber auf den Modellen basierende Prognosen mit Zurückhaltung zu bewerten – zeigt eine genauere Analyse der Arbeiten doch, daß mit durchaus unterschiedlichen Ansätzen und Voraussetzungen annähernd gleichartige Ergebnisse erzielt werden können. Überdies sind einige der den Modellrechnungen zugrunde liegenden Annahmen hypothetisch bzw. zumindest umstritten, wie z.B. Vorstellungen über Variationen der solaren Energieabgabe in dem etwa 76jährigen Gleissberg-Zyklus, mit einer eventuellen Pulsation des Sonnenradius oder dem Umbra-Penumbra-Flächenverhältnis der Sonnenflecken nach HOYT 1979, aber auch Annahmen über langjährige Veränderungen des Aerosolgehaltes bzw. der Vulkanstaubtrübung der Atmosphäre.

Zur Zeit ist die Schaffung tragfähiger wissenschaftlicher Grundlagen für langfristige Wetter- und Klimavorhersagen im vorstehend diskutierten Zeitbereich offenbar erst im Gange (z.B. WCP-47, 1982, vgl. dazu auch BERNHARDT 1984). Neben der Weiterentwicklung der allgemeinen Zirkulationsmodelle, z.B. durch verbesserte Berücksichtigung der Orographie, der Wechselwirkung zwischen Erdoberfläche und Atmosphäre im Raum der planetarischen Grenzschicht, der Aerosol-Wolken-Strahlungswechselwirkung und weiterer relevanter physikalischer Prozesse, stehen grundsätzlich neue physikalische Ansätze zur Diskussion. Das betrifft beispielsweise die Anwendung allgemeiner Methoden der nichtlinearen Mechanik und der Thermodynamik gleichgewichtsferner Prozesse, um solche für das klimatische System charakteristische Phänomene, wie das Auftreten multipler Gleichgewichtszustände und Bifurkationen, von Auto-Oszillationen und Erscheinungen der Selbstorganisation adäquat beschreiben zu können.

Neben all dem sollte die Klimadiagnostik — wie im vorstehenden Beitrag vorrangig betrieben — nicht vernachlässigt werden, kann sie doch u.a. für die Aufklärung der Struktur des klimatischen Systems, die Modellentwicklung und -verifikation, die regionale Interpretation großräumiger bzw. globaler Klimaprognosen und über die Aufdeckung von Telekonnektionen und Zeitreihenkorrelationen auch für Vorhersagezwecke nutzbar gemacht werden.

Literatur

ADAMENKO, V. N., MASANOVA, M. D., ČETVERIKOV, A. F.: Indikacija izmenenij klimata. Gidrometeoizdat, Leningrad (1982), 109 str.

BAUR, F.: Abweichungen der Monatsmittel der Temperatur Mitteleuropas vom 210jährigen Mittelwert (1761...1970) in °C. Beilage zur Berliner Wetterkarte 76/1975, SO 19/1975ff.

BERNHARDT, K.: Globale physikalische Prozesse und Gesellschaft. Wiss. Z. Humboldt-Univ. Berlin, math.-nat. Reihe 27 (1978), I—XVII.

BERNHARDT, K.: Klima und Gesellschaft. Z. Meteor. 31 (1981), 71—82.

BERNHARDT, K.: Bericht über die WMO/ICSU-Studienkonferenz über physikalische Grundlagen der Klimavorhersage für den Zeitbereich von Jahreszeiten bis zu Jahrzehnten vom 13. bis 17. September in Leningrad, UdSSR. Z. Meteor. 34 (1984), 55—58.

BERNHARDT, K., KORTÜM, F.: Beeinflussung der Atmosphäre durch menschliche Aktivitäten. Geod. Geoph. Veröff. R. II (1976), H. 21, 1—62.

BERNHARDT, K., LAUTER, E. A.: Globale physikalische Prozesse und Umwelt. Z. Meteor. 27 (1977), 1–20.

BORISENKOV, YE. P.: On some characteristics of insolation changes in the past and the future. Climatic change 5 (1983), 237–244.

BORISENKOV, E. P., PASECKI, V. M.: Ekstremal'nye prirodnye javlenija v russkich letopisjach XI–XVII vv. Gidrometeoizdat, Leningrad (1983), 239 str.

BUDYKO, M. I.: Klimat v prošlom i buduščem. Gidrometeoizdat, Leningrad (1980), 350 str.

BUDYKO, M. I., VINNIKOV, K. Ja.: Problema obnaruženija antropogennogo izmenenija global'nogo klimata. Meteor. Gidrol. (1983) 9, 14–26.

BUDYKO, M. I., VINNIKOV, K. JA., EFIMOVA, N. A.: Zavisimost' temperatury vozducha i osadkov ot količestva uglekislogo gaza v atmosfere. Meteor. Gidrol. (1983) 4, 5–13.

BUDYKO, M. I.: Vlijanie izverženij vulkanov na klimat. Meteor. Gidrol. (1984) 3, 5–11.

CLARK, W. C. (ed.): Carbon dioxide review: 1982. Clarendon Press, Oxford, Oxford University Press, New York (1982), 469 pp.

CLAYTON, H. H. (ed.): World weather records. Washington (1927ff.)

DAMON, P. E., KUNEN, ST. M.: Global cooling? Science 193 (1976) 4252, 447–453.

DANSGAARD, W. et al.: Climatic record revealed by the Camp Century ice core. In: KARL, K. Turekian (ed.), The late cenozoic glacial ages. Yale Univ. (1971), 37–56.

DETHLOFF, K., PETERS, D.: Simulation of long-term temperature trends in a zero-dimensional climate system. Z. Meteor. 32 (1982), 225–229.

DYCK, S.: Klimaschwankungen und Wasserressourcen. Z. Meteor. 31 (1981), 90–97.

EDDY, J. A.: Climate and the changing sun. Climatic change 1 (1977), 173–190.

ENTZIAN, G., LAUTER, E. A.: Variations in the springtime reversal of the stratospheric circulation. Z. Meteor. 32 (1982), 209–215.

FLOHN, H.: Ein geophysikalisches Eiszeit-Modell. Eiszeitalter und Gegenwart 20 (1969), 204–231.

FLOHN, H.: Background of a geophysical model of the initiation of the next glaciation, Quatern. Res. 4 (1974), 385–404.

FLOHN, H.: Abrupt events in climatic history. Lecture Austral. Conf. on climate and climatic change, Melbourne, 12. Dec. 1975. Preprint Meteor. Inst. Univ. Bonn (1976). Auch in: PITTOCK, A. B. et al., Climatic change and variability, Cambr. Univ. Press (1978), 124–134.

FLOHN, H.: On time scales and causes of abrupt paleoclimatic events. Quatern. Res. 12 (1979), 135–149.

FLOHN, H.: Possible climatic consequences of a man-made global warming. Intern. Inst. Appl. System Analysis (RR 80-30), Laxenburg (1980), 103 pp.

FLOHN, H.: Oceanic upwelling as a key for abrupt climatic change. J. Meteor. Soc. Jap. 60 (1982), 268–273.

FLOHN, H., FANTECHI, R. (ed.): The climate of Europe: past, present and future. D. Reidel Publ. Comp. (1984), 356 pp.

GILLILAND, R.: Solar, volcanic, and CO_2 forcing of recent climatic changes. Climatic Change 4 (1982), 111–131.

GOETHES Briefe an CHARLOTTE VON STEIN. Herausgegeben von J. FRÄNKEL, erster Band, Akademie Verlag Berlin (1960), 294.

GOETHE, J. W.: Noten und Abhandlungen zu besserem Verständnis des West-östlichen Divans, Fortleitende Bemerkung. Goethe, Berliner Ausgabe, Band 3, Berlin (1965), 188.

GORNITZ, V. S. et al.: Global sea level trend in the past century. Science 215 (1982), 1611–1614.

GRIBBIN, J. (ed.): Climatic change. Cambridge University Press, Cambridge, London, New York, Melbourne (1978), 280 pp.

GRUZA, G. V.: Climate variability as estimated from atmospheric observations. In: Physical basis for climate prediction. WCP-47 (1982), 25–49.

GRUZA, G. V., RAN'KOVA, E. JA.: Dannye o strukture i izmenčivosti klimata. Temperatura vozducha na urovne morja. Severnoe polušarie. VNIIGMI, Obninsk (1979), 203 str.

GRUZA, G. V., RAN'KOVA, E. JA.: Struktura i izmenčivost' nabljudaemogo klimata. Temperatura vozducha severnogo polušarija. Gidrometeoizdat, Leningrad (1980), 72 str.

HANSEN, J. et al.: Climate impact of increasing atmospheric carbon dioxide. Science 213 (1981) 4511, 957–966.

HAXEL, O.: Beitrag der Physik zur Klimageschichte. Naturwiss. 63 (1976), 16–22.

HERRMANN, J.: Naturgeschichtliches Erbe und gesellsshaftliche Gesetze. Sitz. Ber. Akad. Wiss. DDR (1982) 4/G, 295.

HOYT, D. V.: Variations in sunspot structure and climate. Climatic change 2 (1979), 79–92.

HUMBOLDT, A. v.: Fragmens de Géologie et de Climatologie Asiatiques. II Tomes, Paris (1831). Deutsch u. d. T. „Fragmente einer Geologie und Klimatologie Asiens" mit Anmerkungen, einer Karte und einer Tabelle vermehrt von JULIUS LOEWENBERG, Berlin (1832), 2725.

HUMBOLDT, A. v.: Central-Asien. Untersuchungen über die Gebirgsketten und die vergleichende Klimatologie. Aus dem Französischen übersetzt und durch Zusätze vermerkt von W. MAHLMANN. Bd. 2, Verl. v. C. J. KLEMANN, Berlin (1844).

HUMBOLDT, A. v.: Kosmos. Entwurf einer physischen Weltbeschreibung. Bd. 1, Cotta'scher Verlag, Stuttgart und Tübingen (1845), 4935.

HUPFER, P.: Meeresklimatische Veränderungen im Gebiet der Beltsee seit 1900. Veröff. Geophys. Inst. K.-M.-Univ. Leipzig, 2. Ser. 17 (1962) 4, 355–512.

HUPFER, P.: Marine climatic fluctuations in the Baltic sea area since 1900. Z. Meteor. 25 (1975), 85–93.

HUPFER, P.: Atmosphäre und Ozean. Abh. Meteor. Dienst DDR, 18 (1985) 134, 75–84.

HUPFER, P., MIKULSKI, Z., BÖRNGEN, M.: Statistical analysis of river inflow to the Baltic sea in the period 1921–70. Geodät. u. Geophys. Veröff. Berlin, R. IV (1984) 38, 110–143.

IDSO, S. B.: An empirical evaluation of earth's surface air temperature response to radiative forcing, including feedback, as applied to the CO_2-climate problem. Arch. Met. Geoph. Biocl. B 34 (1984), 1–19.

IOC-SCOR/CCCO: Summary report. Fifth session, Abingdon, 5–9 Dec. 1983, 119 pp.

JONES, P. D., WIGLEY, T. M. L., KELLY, P. M.: Variations in surface air temperatures: Part 1. Northern hemisphere, 1881–1980. Monthly Weath. Rev. 110 (1982) 2, 59–70.

JUNGE, CH.: Die Entwicklung der Erdatmosphäre und ihre Wechselbeziehungen zur Entwicklung der Sedimente und des Lebens. Naturwiss. 68 (1981), 236–244.

KELLOGG, W. W., BOJKOV, R. D. (ed.): Report of the JSC/CAS meeting of experts on detection of possible climate change, Moscow, 3–6 October 1982. WCP-29 (1982), 43 pp.

KLEBER, G.: Untersuchung langer Beobachtungsreihen aus dem atlantisch-europäischen Raum mit Hilfe des Zeichentests als verteilungsfreiem Prüfverfahren. Z. Meteor. 32 (3982), 137–147.

KLIGE, R. K.: Izmenenija global'nogo vodoobmena. Meteor. Gidrol. (1982) 5, 19–30.

KÖPPEN, W.: Grundriß der Klimakunde. Walter de Gruyter & Co., 2. Aufl., Berlin (1931), 3885.

KONDRAT'EV, K. JA., MOSKALENKO, N. I.: Parnikovyj effekt atmosfery i klimat. Itogi nauki i techn. VINITI. Meteorol. i klimatol. (1984) 12, 262 str.

KONDRAT'EV, K. JA., NIKOL'SKIJ, G. A.: Solnečnaja aktivnost' i klimat. Dokl. AN SSSR 243 (1978) 3, 607–610.

KONDRAT'EV, K. JA., NIKOLSKIJ, G. A.: Vozmožnye vozdejstvija jadernogo konflikta na atmosferu i klimat. Centr mezdunarodn. proektov GKNT, Moskva (1984), 22 str.

KORTÜM, F., OLBERG, M.: Bestimmung des Trockenheitsindex nach Budyko aus Beobachtungen in Potsdam 1893–1979. Abh. Meteor. Dienst DDR 17 (1982) 128, 154–159.

KUKLA, G. J.: Missing link between Milankovitch and climate. Nature 253 (1975), 600–603.

KUKLA, G. J.: Pleistocene climates on land. In: BERGER, A. (ed.), Climatic variations and variability: Facts and theories. Reidel Publ. Comp. (1981), 207–232.

KUKLA, G. J., ROBINSON, D. A.: Temperature changes in the last 100 years. In: BERGER, A, (ed.) Climatic variations and variability: Facts and theories. Reidel Publ. Comp. (1981). 287–301.

KUTZBACH, J.: Fluctuations of climate monitoring and modelling. WMO Bull. 23 (1974), 155–163.

KUTZBACH, J. E., BRYSON, R. A.: Variance spectrum of holocene climatic fluctuations in the north Atlantic sector. J. Atmosph. Sci. 31 (1974), 1958–1963.

LAMB, H. H.: Weather and climate patterns of the little ice age. In: OESCHGER, H. et al. (Hrsg.), Das Klima, Springer-Verlag, Berlin, Heidelberg, New York (1980), 149–160.

LAUTER, E. A.: Long-term temperature variations in Middle and West Europe and the influence of solar cycle variations. Z. Meteor. 29 (1979), 331–337.

LAUTERBACH, R.: Biogeophysik. In: LAUTERBACH, R. (Hrsg.), Physik des Planeten Erde, Akademie-Verlag, 2. Aufl. Berlin (1985), 250–277.

MACCRACKEN, M. C., MOSES, H.: The first detection of carbon dioxide effects. Bull. Amer. Meteor. Soc. 63 (1982), 1164–1178.

MANLEY, G.: Central England temperatures: monthly means 1659 to 1973. Quart. J. Roy. Meteor. Soc. 100 (1974), 389–405.

MARČUK, G. I. et al.: Matematičeskoe modelirovanie obščej cirkuljacii atmosfery i okeana. Gidrometeoizdat, Leningrad (1984), 320 str.

MARX, K., ENGELS, F.: Werke (MEW), Band 1–39, Ergänzungsband Teil 1, 2. Dietz Verlag, Berlin 1978

MATTHÄUS, W.: Zur säkularen Veränderlichkeit des Oberflächensalzgehaltes in der offenen Ostsee. Beitr. Meereskd. H. 39 (1977), 37–49.

MATTHÄUS, W.: Langzeitvariationen von Temperatur, Salzgehalt und Sauerstoffgehalt im Tiefenwasser der zentralen Ostsee. Beitr. Meereskd. H. 42 (1979), 41–93.

MESSERLI, B.: Die afrikanischen Hochgebirge und die Klimageschichte Afrikas in den letzten 20000 Jahren. In: OESCHGER, H., MESSERLI, B., SVILAR, M. (Hrsg.), Das Klima, Springer-Verlag, Berlin, Heidelberg, New York (1980), 64–90.

MEYER ZU DÜTTINGDORF, A.-M.: Klimaschwankungen im maritimen und kontinentalen Raum Europas seit 1871. Bochumer geogr. Arb. H. 32, Paderborn (1978), 127 S.

MITCHELL, J. M. Jr.: On the worldwide pattern of secular temperature change. Changes of Climate, Arid Zone Research, Vol. 20, UNESCO Paris (1963), 161–181.

MONIN, A. S., ŠIŠKOV, Û. A.: Istorija klimata. Gidrometeoizdat, Leningrad (1979), 4075.

NAS, Climate Board/Carbon dioxide and climate: A second assessment. Comittee on Atmos. Sci., U.S. Nat. Res. Counc. Nat. Acad. Press, Washington, D. C. (1982), 72 pp.

NOAA/NESD/NCDC/WMO. Monthly climatic data for the world. Asheville (1948ff.).

OESCHGER, H., MESSERLI, B., SVILAR, M. (Hrsg.): Das Klima. Springer-Verlag, Berlin, Heidelberg, New York (1980), 2965.

OESCHGER, H.: In der Natur gespeicherte Geschichte von Umweltsvorgängen. In: OESCHGER, H., MESSERLI, B., SVILAR, M. (Hrsg.), Das Klima, Springer-Verlag, Berlin, Heidelberg, New York (1980), 209–236.

OLBERG, M.: Zeitliche Änderungen im spektralen Verhalten der Zeitreihe Monatssummen des Niederschlags nach Baur. Időjárás 83 (1979a), 70–78.

OLBERG, M.: Langperiodische Schwankungen der Strahlungsbilanz, des Niederschlages und des Trockenheitsindexes in Potsdam. Z. Meteor. 29 (1979b), 50–55.

OLBERG, M.: Statistische Analyse meteorologisch-klimatologischer Zeitreihen, Abh. Meteor. Dienst der DDR 17 (1982) 128, 129–141.

OLBERG, M.: Zum spektralen Verhalten der Niederschlags-, Strahlungsbilanz- und Trockenheitsindexreihe für Potsdam. Z. Meteor. 33 (1983), 281–285.

OLBERG, M., ROSENOW, W.: Zeitliche Änderungen im spektralen Verhalten meteorologisch-klimatologischer Datenreihen. Z. Meteor. (1980), 296–307.

OORT, A. H.: Climate variability-some observational evidence. In: Physical basis for climate prediction. WCP-47 (1982), 1–24.

PALTRIDGE, G., WOODRUFF, S.: Changes in global surface temperature from 1880 to 1977 derived from historical records of sea surface temperature. Monthly Weath. Rev. 109 (1981) 12, 2427–2434.

PITTOCK, A. B., FRAKES, L. A., JENSSEN, D., PETERSON, I. A., ZILLMANN, I. W. (ed.): Climatic change and variability. A southern perspective. Cambridge Univ. Press, Cambridge usw. (1978), 445 pp.

PITTOCK, B.: Solar variability, weather and climate: an update. Quart. J. Roy. Meteor. Soc. 109 (1983), 23–55.

POLLARD, D.: An investigation of the astronomical theory of the ice ages using a simple climate-ice sheet model. Nature 272 (1978), 233–235.

POLLARD, D.: A simple ice sheet model yields realistic 100 kyr glacial cycles. Nature 296 (1982) 5855, 334–338.

SCHNEIDER-CARIUS, K.: Das Klima, seine Definition und Darstellung; zwei Grundsatzfragen der Klimatologie. Veröff. Geophys. Inst. K.-Marx-Univ. Leipzig 17 (1961), 143–222.

SCHNELLE, F.: Beiträge zur Phänologie Europas IV. Lange phänologische Beobachtungsreihen in West-, Mittel- und Osteuropa. Ber. Dt. Wetterdienst Nr. 158, Offenbach (1981), 355.

SCHÖNERMARK, M. v.: Zum zeitlichen Temperaturverhalten im atlantisch-europäischen Raum. Z. Meteor. 33 (1983), 286–292.

SCHÖNWIESE, C. D.: Klimaschwankungen. Reihe „Verständliche Wissenschaft" Bd. 115, Springer-Verlag, Berlin, Heidelberg usw. (1979), 1815.

SCHÖNWIESE, C. D.: Northern hemisphere temperature statistics and forcing. Part A: 1881–1980 AD. Arch. Met. Geoph. Biocl. B 32 (1983), 337–360.

SERGIN, V. JA., SERGIN, S. JA.: Sistemnyj analiz problemy bol'sich kolebanij klimata i oledenenija Zemli. Gidrometeoizdat, Leningrad (1978), 279 str.

SMED, J.: Monatswerte der Oberflächenwassertemperatur im Gebiet J. Persönl. Mitt. (1982).

SMED, J., MEINCKE, J., ELLETT, D. J.: Time series of oceanographic measurements in the ICES area. Paper presented at meeting on time series of ocean measurements, Report WCP-21, Tokyo, 11–15 May 1981.

SMITH, E. A. et al.: The nature of the short period fluctuations in solar irradiance received by the earth. Climatic change 5 (1983), 211–235.

VINNIKOV, Ja. Â., GROJSMAN, P. Ja.: Émpiričeskij analiz vlijanija CO_2 na sovremennye izmenenija srednej godovoj prizemnoj temperatury vozducha Severnogo polušarija. Meteor. Gidrol. (1981) 11, 30–45.

VINNIKOV, K. Ja., GROJSMAN, P. Ja.: Émpiričeskoe issledovanie čuvstvitel'nosti klimata. Izv. AN SSSR, FAO 18 (1982), 1159–1169.

VOLZ, A. (ed.): Studie über die Auswirkungen von Kohlendioxidemissionen auf das Klima. Berichte der Kernforschungsanlage Jülich Nr. 1877 (1983), 1055.

VULIS, I. L., MONIN, A. S.: K astronomičeskoj teorii kolebanij klimata Zemli. Izv. AN SSSR, FAO 15 (1979), 3–18.

WIGLEY, T. M. L., JONES, P. D.: Detecting CO_2 induced climatic change. Nature 292 (1981), 205–208.

WERNER, P. C.: Zu Problemen der allgemeinen Zirkulation der Atmosphäre im mitteleuropäischen Raum. Diss. (A), Humboldt-Univ. (1982), 141 S., unveröff.

ZAGLADIN, V. V., FROLOV, I. T.: Global'nye problemy sovremennosti: naučnyj i social'nyj aspekty. Meždunarodnye otnošenija, Moskva (1981); deutsch u.d.T.: WADIM SAGLADIN, IWAN FROLOW; Globale Probleme der Gegenwart, Dietz Verlag, Berlin (1982), 260.

Physical basis for climate prediction (Sci. papers pres. at WMO/ICSU study conf. on physical. basis for climate prediction on seasonal, annual and decadal time scales, Leningrad, 13–17 Sept. 1982). WCP-47 (1982), 364 pp.

ISBN 3-05-500012-9
ISSN 0138-3965

FSC
www.fsc.org
MIX
Papier | Fördert
gute Waldnutzung
FSC® C083411

Zeitfracht Medien GmbH
Ferdinand-Jühlke-Straße 7
99095 Erfurt, Deutschland
produktsicherheit@kolibri360.de